W0274057

Gabi Neumayer/Ulrike Rudolph
Geschäftskorrespondenz von A–Z

Gabi Neumayer/Ulrike Rudolph

Geschäftskorrespondenz von A–Z

Kreativ und professionell
Briefe, Faxe und E-Mails schreiben

2., vollständig aktualisierte Auflage

humboldt

Bibliografische Information der Deutschen Nationalbibliothek
Die Deutsche Nationalbibliothek verzeichnet diese Publikation in der Deutschen Nationalbibliografie; detaillierte bibliografische Daten sind im Internet über http://dnb.ddb.de abrufbar.

ISBN 978-3-89994-220-0

Die Autorinnen:

Gabi Neumayer arbeitet als Fachautorin und Redakteurin für verschiedene Zeitschriften (zum Beispiel „working@office") und Newsletter. Außerdem ist sie Chefredakteurin des größten deutschsprachigen Autorennewsletters, „The Tempest". www.gabineumayer.de

Ulrike Rudolph ist freiberufliche Autorin von Sachbüchern und Fachartikeln in Print- und Online-Medien. Als Chefredakteurin eines Business-Englisch-Newsletters kennt sie die Zielgruppe Sekretärinnen und Assistentinnen gut. www.urudolph.de

2., vollständig aktualisierte Auflage

© 2008 humboldt
Ein Imprint der Schlüterschen Verlagsgesellschaft mbH & Co. KG,
Hans-Böckler-Allee 7, 30173 Hannover
www.schluetersche.de
www.humboldt.de

Autor und Verlag haben dieses Buch sorgfältig geprüft. Für eventuelle Fehler kann dennoch keine Gewähr übernommen werden. Alle Rechte vorbehalten. Das Werk ist urheberrechtlich geschützt. Jede Verwertung außerhalb der gesetzlich geregelten Fälle muss vom Verlag schriftlich genehmigt werden.

Covergestaltung:	DSP Zeitgeist GmbH, Ettlingen
Innengestaltung:	akuSatz Andrea Kunkel, Stuttgart
Titelfoto:	Panthermedia
Satz:	PER Medien+Marketing GmbH, Braunschweig
Druck:	Artpress Druckerei GmbH, A-6600 Höfen

Gedruckt auf Papier aus nachhaltiger Forstwirtschaft.

Inhalt

Vorwort

Die Kommunikation – und mit ihr die Korrespondenz – ist in den letzten Jahren vielfältiger geworden; das liegt nicht zuletzt an der Auswahl, die wir schon bei den Medien haben. Wo man früher nur mit einem Brief sein Gegenüber erreichen konnte, hat man heute auch Telefon, Fax und E-Mail zur Verfügung. Und mit der raschen Entwicklung der technischen Möglichkeiten hat sich auch der Umgang der Menschen miteinander und der Stil der Korrespondenz verändert. Entsprechend sind auch die Aufgaben des Büroalltags heute vielgestaltiger, und die Anforderungen an den Einzelnen nehmen ständig zu. Und die neue Rechtschreibung … aber das ist ein Stichwort für sich.

Wir möchten Ihnen mit unserem Nachschlagewerk helfen, in allen Zweifelsfällen und Fragen rund um die Korrespondenz und Bürokommunikation rasch zu einem sofort umsetzbaren Ergebnis zu kommen. Unsere Stichworte reichen von A wie Abkürzungen über E wie Entschuldigung bis Z wie Zwischenbescheid.

Neben Texten, Tipps und Checklisten finden Sie auch zahlreiche Briefe oder Briefausschnitte. Bitte beachten Sie immer, dass Musterbriefe auf Ihren Bedarf zugeschnitten werden müssen und dass zu Briefausschnitten stets die fehlenden Bestandteile (wie Anschrift und Datum) ergänzt werden müssen.

Da Lexika erfahrungsgemäß eine eher „trockene Kost" sind, haben wir versucht, mit vielen Anregungen zum kreativen Umgang mit eher langweiligen Routineaufgaben etwas „Frische" in Ihren Alltag zu bringen. Das werden Sie bald erkennen, wenn Sie den folgen, die Sie zu ähnlichen Stichworten führen.
Das Lexikon ist alphabetisch aufgebaut. Unter den Hauptstichworten finden Sie die Unterpunkte

✓ **Tipp:** kurze allgemeine Ratschläge
! **Wichtig:** Hinweise, die besondere Aufmerksamkeit verdienen
✗ **Vorsicht:** besonders fehlerträchtige Vorgänge
Brennsituation: heikle Angelegenheiten, in denen es oft „brennt"
☺ **Tun:** Dinge, die Sie tun sollten
☹ **Lassen:** Dinge, die Sie lassen sollten

Das Lexikon ist natürlich in neuer Rechtschreibung geschrieben. Sie wissen nicht, wie die funktioniert? Dann schauen Sie doch gleich einmal unter diesem Stichwort nach!
Die Autorinnen freuen sich über Ihre Anregungen und Rückmeldungen zu diesem Buch. Sie erreichen uns über unsere Websites:

- Gabi Neumayer: www.gabineumayer.de
- Ulrike Rudolph: www.urudolph.de

Lexikon

Abkürzungen

Abkürzungen haben zwei Gesichter: Sie sind einerseits praktisch, sparen Zeit und Arbeit – müssen aber andererseits erklärt werden. Viele sind inzwischen Allgemeingut (wie „zum Beispiel", „z. T." oder „usw."), andere kennen nur Eingeweihte.

☹ LASSEN

Die früher in Geschäftsbriefen üblichen Abkürzungen „Betr." und „z. Hd." sind überholt. „Betr." ist deshalb überflüssig, weil die Betreffzeile durch ihre Stellung eindeutig identifiziert werden kann.

✓ TIPP

Verwenden Sie nur Abkürzungen, bei denen Sie davon ausgehen können, dass der Empfänger sie versteht. Das müssen nicht unbedingt dieselben sein, die Ihnen geläufig sind! Im Zweifel schreiben Sie die Abkürzung bei der ersten Erwähnung einfach aus:

Bitte melden Sie sich auch bei der KSK (Künstlersozialkasse) an.

! WICHTIG

Man sieht es immer wieder falsch, aber: Abkürzungen mit Punkten, die für mehrere Wörter stehen, müssen durch ein Leerzeichen getrennt werden:

- z. B.
- a. D.
- i. V.

Besonders viele neue Abkürzungen bringt das Internet hervor. Beim „Chatten" sind Kurzformen allein schon deshalb sinnvoll, weil sie teure Zeit sparen. Daher gibt es zahlreiche bereits übliche Abkürzungen und Bildsymbole, die mittlerweile schon in eigenen Lexika niedergelegt sind.

✓ TIPP

Erarbeiten Sie sich nach und nach eine Liste mit den Akronymen und Smileys, die Ihnen häufiger im Internet begegnen, und hängen Sie sich diese Liste neben Ihren PC-Bildschirm.

Ablehnung

Ablehnungen sind zunächst immer negativ behaftet, weil wir einer Erwartung an uns widersprechen (müssen). Das kann eine Bitte um Urlaub sein oder ein Ersuchen um eine

Gehaltserhöhung, aber auch der Wunsch, einen Liefertermin für eine bestellte Küche vorzuziehen. So unterschiedlich die Anlässe sind, so einheitlich ist die Botschaft:

Tut uns leid, aber …

Negativformulierungen liest niemand gerne, besonders dann nicht, wenn sie gehäuft auftreten: „Wir bedauern, dass wir Ihnen leider nicht helfen können …“ So wird ein Negativstil daraus, der auf das Unternehmen zurückfällt.

TUN

Formulieren Sie trotz der schlechten Nachricht so positiv wie möglich, ohne zu beschönigen. Wenn Sachzwänge vorliegen, nennen Sie die deutlich, so dass der Korrespondenzpartner erkennt, dass Sie trotzdem bemüht sind, ihm zu helfen.

Ablehnung

Sehr geehrte Frau Schlösser,

haben Sie vielen Dank für Ihre Anfrage.

Ich habe sofort in unserem Werk in Güterswerne angerufen und nachgefragt, ob wir Ihnen die Küche schon am 14. Juli liefern können. Das ist jedoch – wie ich Ihnen schon am Telefon gesagt habe – aus produktionstechnischen Gründen nicht mög-

lich: Die Küche ist in dieser Sonderausführung schlichtweg noch nicht fertig. Aber wir können Ihnen wenigstens entgegenkommen: Statt wie vereinbart erst in der 33. Kalenderwoche können wir Ihnen die Küche schon in der 30. KW liefern.

Ich hoffe sehr, dass Ihnen damit etwas geholfen ist.

Freundliche Grüße aus dem verregneten Gütersmühle

! WICHTIG

Die schlechte Nachricht wird durch den Dank ebenso entschärft wie durch das Kompromissangebot und den persönlichen Gruß. Und die Kundin erkennt an der Darstellung des Vorgangs, dass dieser Sachbearbeiter/ dieses Unternehmen nicht nach einem 08/15-Verfahren mit seinen Kunden umgeht, sondern bemüht ist, im Einzelfall individuell zu helfen. So bleibt ein positiver Eindruck zurück.

→ auch: Negativstil

Abmahnung

Wenn ein Arbeitgeber mit den Leistungen oder dem Verhalten seines Arbeitnehmers nicht zufrieden ist, darf er ihm nicht ohne Vorwarnung kündigen, vielmehr muss er ihm die Gelegenheit geben, sich „zu bessern". Dazu dient die Abmahnung. Viele Kündigungen scheitern in Arbeitsgerichtsprozessen daran, dass diese Abmahnung fehlt oder nicht nachweisbar ist. Eine Abmahnung muss zeitnah erfolgen, spätestens aber 14 Tage nach dem Fehlverhalten oder der Leistungsschwäche.

✓ TIPP

Wählen Sie die Schriftform, obwohl auch mündliche Abmahnungen vor Zeugen rechtlich wirksam sind. Anders als eine Ermahnung oder ein Verweis muss die Abmahnung bestimmte inhaltliche Kriterien erfüllen, wenn sie für eine Kündigung herangezogen wird. Dies sind:

- deutlicher Hinweis, welche konkreten Leistungs- oder Verhaltensmängel beanstandet werden, am besten mit Datumsangabe oder Nennung von Zeugen (Hinweisfunktion)
- eindeutiger Hinweis, dass im Wiederholungsfall das Arbeitsverhältnis gefährdet ist (Warnfunktion)

Checkliste Abmahnung

- Welche Leistungs- oder Verhaltensmängel werden kritisiert?
- Wann konkret hat das stattgefunden?
- Welche Zeugen gibt es?
- Welche Änderung erwarten Sie konkret vom Arbeitnehmer?
- In welchem Zeitraum soll das stattfinden?
- Mit welchen rechtlichen Konsequenzen muss er rechnen?

✓ **TIPP**

Geben Sie dem Arbeitnehmer die Abmahnung, und lassen Sie sich eine Kopie unterschreiben. So haben Sie einen Beweis dafür, dass sie ihm zugegangen ist.

Abmahnung

Sehr geehrter Herr Schleicher,

am 10. Juni, am 2. und am 5. Juli und am 3. August sind Sie erst nach 9 Uhr an Ihrem Arbeitsplatz erschienen.

In allen Fällen hat Ihr direkter Vorgesetzter, Herr Klöbner, Sie darauf aufmerksam gemacht, dass Sie durch Ihr Zuspätkommen den Betriebsablauf behindern: Die LKWs können erst verspätet losfahren und nicht mehr die komplette Tour machen. Das führt dazu, dass einige Kunden einen Tag später als vereinbart beliefert werden. Durch Ihr Zuspätkommen erweisen wir uns als unzuverlässig. Das kann sich heutzutage kein Unternehmen leisten. Leider haben Sie Ihr Verhalten nicht korrigiert: Heute sind Sie sogar zwei Stunden zu spät zur Arbeit erschienen.

Wir erwarten, dass Sie ab sofort regelmäßig pünktlich an Ihrem Arbeitsplatz sind, so dass wir unsere Liefervereinbarungen in Zukunft einhalten können.

Sollten Sie trotz dieser Abmahnung in Zukunft zu spät erscheinen, haben Sie mit Ihrer Kündigung zu rechnen.

Abonnement

Kündigung eines Zeitschriftenabonnements

Sehr geehrte Damen und Herren,

heute habe ich an der Haustür den Bestellschein für ein Abonnement der Zeitschrift „Mein bunter Fischteich" unterschrieben.

Diese Bestellung widerrufe ich jetzt.

Mit freundlichem Gruß

! WICHTIG

Kurz und bündig kann man ein Haustürgeschäft rückgängig machen, wenn man schnell reagiert. Eine Begründung etwa nach dem Motto „Ich habe gar keinen Fischteich und finde Fische sowieso eklig" ist vollkommen überflüssig.

→ auch: Kündigung

Absage

Eine Absage ist eine negative Nachricht, denn der Empfänger erwartet normalerweise eine Zusage auf eine Einladung, eine Terminabsprache, eine Bewerbung oder Ähnliches.

Besonders bei persönlichen Einladungen sind – neben dem Dank – eine Begründung für die Absage und ein Bedauern darüber notwendig, da sich der Einladende ansonsten mit Recht schlecht behandelt fühlen würde. Auch hier gilt: Formulieren Sie so positiv wie möglich.

Bei Absagen ist der Schluss ganz wichtig: Gute Wünsche für ein gelungenes Fest bleiben positiv in der Erinnerung haften und nehmen der negativen Nachricht die Schärfe.

Absage

Sehr geehrter Herr Föller,

haben Sie recht herzlichen Dank, dass Sie bei der Gästeliste für Ihr Geschäftsjubiläum auch an mich gedacht haben. Ich habe mich sehr darüber gefreut und wäre gerne gekommen.

Ausgerechnet am Tag Ihrer Feier kommen jedoch Geschäftspartner aus Japan zu uns, deren persönliche Betreuung ich schon vor vielen Wochen zugesagt habe. Diese Verpflichtung muss und will ich nun auch einhalten. Deshalb kann ich Ihre Einladung leider nicht annehmen.

Ich wünsche Ihnen einen ganz besonders schönen Tag und ein gelungenes Fest.

Freundliche Grüße aus Freudenburg

✓ TIPP

Sagen Sie so schnell wie möglich ab, damit der oder die Einladende die Planung noch ändern kann.

Checkliste Absage auf Bewerbung

- Dank für die Unterlagen?
- Dank für ein Vorstellungsgespräch?
- Begründung der Absage?
- Weiterführende Tipps für die Zukunft?
- Gute Wünsche?
- Freundliche Grüße?

BRENNSITUATION

Die Absage auf eine Bewerbung ist eine besonders heikle Sache, weil für Bewerber in Zeiten hoher Arbeitslosigkeit oft viel auf dem Spiel steht. Deshalb sollten Sie genau abwägen, ob Sie konkrete Hinweise geben wollen, die dem Bewerber, der Bewerberin bei zukünftigen Versuchen helfen können, oder ob Sie lieber allgemein bleiben wollen, um nicht zu sehr zu demotivieren. Die Verantwortung ist groß, und mit Formschreiben wird man ihr kaum gerecht. Der Einzelfall sollte zählen. Der Kandidat von heute kann schon der Kunde oder gar Wunschbewerber von morgen sein.

☹ LASSEN

Formulieren Sie nicht negativ, besonders bei Bewerbern, die in schwierigen Situationen stecken. Statt „Ihre Erfahrungen reichen nicht aus“ kann man auch schreiben „Ein Mitbewerber verfügt über genau die Erfahrungen, die wir suchen“.

☺ TUN

Formulieren Sie individuell und ohne Floskeln.
Wo es erfolgversprechend erscheint, sollten Sie ehrlich – aber hilfreich – auf objektive Mängel der Bewerbung hinweisen.

Absage auf Bewerbung

Sehr geehrter Herr Karsten,

es hat lange gedauert, aber nun haben wir alle Kandidaten gesehen und gesprochen, und wir haben unsere Wahl getroffen.

Die Entscheidung für einen Mitbewerber – und damit gegen Sie – ist uns nicht leicht gefallen. Ihre Qualifikationen sind durchaus überzeugend, und auch Ihr persönliches Auftreten hat uns zugesagt. Letztlich ausschlaggebend war dann aber doch die langjährige Erfahrung, die Sie noch gar nicht haben können.

Aus unserem Gespräch wissen Sie ja bereits, dass wir ohnehin Probleme bei der Einarbeitung sehen, weil der Vorgänger auf dieser Stelle verstorben ist. So mussten wir uns für den Bewerber mit der längsten Erfahrung entscheiden.

Wir danken Ihnen sehr für Ihre Unterlagen und die Zeit, die Sie uns gewidmet haben. Wenn es Ihnen recht ist, möchten wir Ihre Bewerbungsmappe hier behalten, vielleicht ergibt sich ja in absehbarer Zeit eine andere Möglichkeit der Mitarbeit.

Dass Sie darauf nicht warten können, ist uns selbstverständlich klar. Deshalb wünschen wir Ihnen auch viel Glück für die Zukunft.

Mit freundlichen Grüßen

→ auch: Negativstil

Absätze

Im Geschäftsbrief werden nach DIN 5008 Absätze immer durch eine Leerzeile getrennt (und nicht durch Einrückung markiert).

! WICHTIG

Bei der Korrespondenz per E-Mail sieht es allerdings vielfach anders aus: Da dort Platz besonders kostbar ist, weil man nur wenige Zeilen auf einmal auf dem Bildschirm sehen kann, werden hier Absätze meist lediglich durch den Beginn einer neuen Schreibzeile angezeigt.

→ auch: Akronym, E-Mail, Internet, Smiley

AIDA

Die Formel AIDA stammt aus der amerikanischen Werbepraxis und ist so alt wie diese, allerdings immer noch gültig und hilfreich beim Schreiben von Werbebriefen.

A – attention	Aufmerksamkeit erregen
I – interest	Interesse wecken
D – desire	Begierde/Besitzwunsch hervorrufen
A – action	Aktion/Appell/Kaufhandlung auslösen

✓ TIPP

Was für Werbebriefe gilt, kann man natürlich auch für andere Brief- oder Textsorten nutzen: zum Beispiel für Prospekte oder eine Zeitungsanzeige, aber auch für ein Bewerbungsschreiben. Hier würde „Desire“ für den Einstellungswunsch des Personalmanagers stehen und „Action“ für die Einladung zum Vorstellungsgespräch.

→ auch: Werbebrief

Akronym

Akronyme sind Abkürzungswörter. Allgemein verständliche wie „Kripo“, „Ufo“ oder „NASA“ müssen nicht erklärt werden, aber bei unüblichen sollte die Abkürzung zumindest bei der ersten Erwähnung ausgeschrieben werden.

Akronyme spielen eine besonders wichtige Rolle im Internet. Mit ihnen werden nonverbale Hinweise gegeben, die man oft auch mit Smileys ausdrücken kann. Vor allem aber werden damit oft gebrauchte Ausdrücke und Wendungen abgekürzt, was den Schreibaufwand – der vor allem beim Chatten enorm sein kann – reduzieren hilft.

Allerdings liegen den Akronymen in der Regel englische Wendungen zugrunde, weshalb man sie – mehr noch als die bildhafteren Smileys – richtig lernen muss. Eine Auswahl:

Akronym	Bedeutung
ROFL	sich lachend am Boden wälzen (rolling on the floor laughing)
AFAIK	soviel ich weiß (as far as I know)
ASAP	so schnell wie möglich (as soon as possible)
SNAFU	Operation gelungen, Patient tot (situation normal, all fouled up)
OTOH	andererseits (on the other hand)
CU	bis später (see you)
IMHO	meiner bescheidenen Meinung nach (in my humble opinion)
FYI	zu Ihrer Information (for your information)

✓ **TIPP**

Tipps für ein Online-Lexikon mit Akronymen und Smileys finden Sie beim Stichwort „Smiley“.

Änderung

Wenn sich etwas Entscheidendes geändert hat, sei es im Betrieb, sei es im Privatleben, dann müssen wir das unseren Partnern mitteilen.

Mitteilung über Änderung der Gesellschaftsform

Änderung der Gesellschaftsform

Sehr geehrte Damen und Herren,

bei uns gibt’s was Neues:

Seit dem 1. August 2008 heißt unser Unternehmen nicht mehr Hirschfuß GmbH & Co. KG, sondern

Hirschfuß GBR.

Damit sind die Änderungen aber schon benannt, ansonsten bleibt für Sie alles beim Alten und Bewährten.

Freundliche Grüße

→ auch: Mitteilung

Anfrage

Mit einer Anfrage will man konkrete Informationen für ein bestimmtes Vorhaben bei verschiedenen Anbietern einholen (die allgemeine Anforderung von Prospektmaterial klammern wir hier aus). Diese Informationen sollen auf einen Blick vergleichbar sein. Je nach Umfang der Anfrage heißt es deshalb hier schon im Vorfeld zu klären, wo möglicherweise Probleme auftauchen können: zum Beispiel bei der Ausführung oder bei Mengenstaffelungen. Um eine bestmögliche Vergleichbarkeit zu erreichen, bietet es sich an, die Anfrage als Liste zu verfassen und den Text möglichst knapp zu halten oder in einem gesonderten Anschreiben unterzubringen.

Checkliste Anfrage

- Nennung des Projektes?
- Form des Angebots?
- Abgabetermin?
- Artikelbeschreibung?
- Stückzahl?
- Menge?
- Preisstaffelung bei größeren Stückzahlen?
- Rabatte?
- Lieferbedingungen?
- Lieferfristen?

Es gibt natürlich auch formlose Anfragen wie etwa bei Hotelreservierungen:

Anfrage Hotel

Sehr geehrte Damen und Herren,

vom 20. bis zum 25. Oktober findet in Bremen die internationale Fischereimesse statt. Für diesen Zeitraum brauchen wir

1 Einzelzimmer und
2 Doppelzimmer.

Bitte faxen Sie uns eine Antwort, ob und zu welchen Preisen Sie etwas für uns tun können.

Vielen Dank schon jetzt und freundliche Grüße

Angebot

Ein Angebot ist die Antwort auf eine Anfrage. Die Kundenwünsche an die Form des Angebots sind bindend. Wenn es keine solchen Wünsche gibt, empfiehlt es sich, den Aufbau der Anfrage zu übernehmen: entweder als Liste oder in Briefform.

Angebot eines Hotels auf eine Anfrage hin

Sehr geehrter Herr Pieper,

vielen Dank für Ihre Anfrage.

Für den Zeitraum vom 20. bis zum 25. Oktober können wir Ihnen ein Einzelzimmer und zwei Doppelzimmer anbieten. Die Preise entnehmen Sie bitte dem beigefügten Faltblatt.

Wir möchten Sie aber darauf aufmerksam machen, dass wir ein Messe-Special anbieten, das neben der Unterkunft verschie-

dene Freizeit- und Kulturaktivitäten enthält, die von unseren Geschäftsgästen gerne wahrgenommen werden. Den Sonderprospekt schicken wir Ihnen ebenfalls mit diesem Brief.

Mit freundlichen Grüßen

PS: Die drei Zimmer haben wir für den von Ihnen gewünschten Zeitraum reserviert. Wenn Sie unser Angebot nicht wahrnehmen möchten, brauchen Sie sich jedoch nicht die Mühe einer Antwort zu machen: Wenn wir bis zum 20. Mai nichts von Ihnen hören, heben wir diese Reservierung einfach auf.

✓ TIPP

Da Kunden mitunter keine Fachleute in unserem Bereich sind, kann es sinnvoll sein, für sie mitzudenken und sie auf bestimmte Vorteile aufmerksam zu machen, auf die sie von selbst kaum kommen können. Damit schaffen Sie möglicherweise auch einen Wettbewerbsvorteil. Immer häufiger schätzen Kunden eine besonders umsichtige Betreuung mehr als niedrige Preise. Werben Sie mit Ihrem Angebot, nehmen Sie die Perspektive des Kunden ein, bieten Sie mehr als Ihre Mitbewerber. Denn ein Kunde mit einer konkreten Anfrage ist schon halb gewonnen.

Angemessenheit

Korrespondenz – und Kommunikation allgemein – sollte vom Sender/Sprecher/Schreiber aus gesehen angemessen sein, und zwar

- der Situation angemessen (zum Beispiel: Geht es um eine Reklamation, ist der Kunde aufgebracht? Oder ist es eine romantische Situation?)
- dem Empfänger angemessen (versteht er „meine" Sprache?)
- dem Inhalt angemessen (handelt es sich um technische Erläuterungen oder um eine persönliche Danksagung?)

Ey Alter, tut mir echt leid, dass deine Tussi das Handtuch geschmissen hat!

- Situation: Todesfall
- Empfänger: Ehemann der Verstorbenen, selbstständiger Kaufmann
- Inhalt: Beileid

✓ TIPP

Wirklich kunden- oder leserorientiert – und damit erfolgversprechend – wird unsere Korrespondenz erst, wenn wir vor jedem Schreiben prüfen, ob die drei Kriterien der Angemessenheit erfüllt sind.

Die Bemerkung ist in allen drei Punkten unangemessen und wird wohl höchstens von einem Betroffenen geduldet werden, der sich mit dem rüden Umgangston des Senders längst resigniert abgefunden hat.

Anlagenvermerk

Der Hinweis, dass dem Brief „Anlagen" beigefügt sind, steht laut DIN 5008 mit einem Mindestabstand von drei Leerzeilen unter dem Gruß oder der Firmenbezeichnung. Wenn der Name des Unterzeichners noch einmal in Maschinenschrift gedruckt ist, steht nur eine Leerzeile vor dem Anlagenvermerk. Das Wort „Anlagen" kann hervorgehoben werden. Wenn am Blattende nicht mehr genug Platz für den Vermerk ist, kann er mit einer Leerzeile rechts neben den Gruß gesetzt werden. Er beginnt dann auf Grad 50 bzw. 60 oder bei 125,7 mm vom linken Blattrand entfernt. In den Beispielen der DIN-Vorschriften ist das Wort in Fettdruck hervorgehoben und steht immer ohne Unterstreichung und ohne Doppelpunkt. Die Auflistung der Anlagen selbst folgt ohne Leerzeilen und ohne Spiegelstriche darunter.

Anmeldung

Für Anmeldungen gibt es oft ein Formular, so etwa für Fortbildungskurse oder Freizeitaktionen: Der Anbieter legt dem Angebot einen Antwortschein oder eine Antwortkarte bei, die das Anmelden erleichtert. Sie müssen nur noch die Daten des Kurses und Ihre persönlichen Angaben eintragen. Wenn kein Formular vorliegt oder für Ihren Bedarf überhaupt keines vorhanden ist, melden Sie sich formlos per Brief an.

✓ **TIPP**

Alle Daten, die für den Anbieter wichtig sein könnten, sollten Sie zusammentragen und in Ihrer Anmeldung anführen. So ersparen Sie sich und dem Anbieter zeitraubende Rückfragen.

Wenn man mit offenen Augen durch die Welt geht, finden sich immer wieder auch ungewöhnliche Anlässe, für sich selbst zu werben. Eine Anmeldung beispielsweise kann man auch dafür nutzen, etwa unter dem Gesichtspunkt: „Das bieten Sie, das habe ich zu bieten".

Annonce

Zeitungsannoncen kosten viel Geld und bieten vergleichsweise wenig Platz für Informationen. Deshalb sind viele Vorüberlegungen nötig. Wir gehen hier von einer Personalanzeige aus, denn Werbeannoncen werden Sie wahrscheinlich in die Hände einer Werbeagentur legen.

! **WICHTIG**

Die Größe der Anzeige sollte einerseits Ihr Unternehmen repräsentieren und andererseits ungefähr der Position entsprechen, die besetzt werden soll.

Checkliste Personalanzeige

- Was suchen wir?
- Konkrete Kriterien?
- Für/Ab wann?
- Was haben wir zu bieten?
- Was unterscheidet uns von anderen Anbietern?
- Wer ist unsere Zielgruppe?
- Welche Zeitungen/Zeitschriften liest unsere Zielgruppe?
- Was darf unsere Annonce kosten?
- Wie groß soll sie sein?

! WICHTIG

Überlegen Sie genau, was Sie suchen und was Sie zu bieten haben. Entscheiden Sie sich für die richtige Zeitung! Ein Großunternehmen wird den neuen Personalmanager kaum im regionalen Wochenblatt finden, eine Putzfrau wird ihr Stellengesuch nicht in die überregionale Wochenendzeitung setzen.

Anrede

Die Anrede ist – nach dem Betreff – der erste Kontakt zum Korrespondenzpartner und hat deshalb besonderen Aufmerksamkeitswert. Jeder hört seinen Namen gerne, fühlt sich dadurch persönlich angesprochen und bleibt länger bei der Stange, als wenn er allgemein als „Sehr geehrte Damen und Herren“ angesprochen wird. Die Anrede wird durch eine Leerzeile vom folgenden Text getrennt und steht in der dritten Zeile unter dem Betreff.

✗ VORSICHT

Haken Sie die Anrede nicht als unwichtig ab, denn schon hier kann ein Werbebrief die Kurve in den Papierkorb nehmen, oder eine Reklamation landet erst einmal in einem Aktenkörbchen, bis sich jemand gezwungenermaßen daran macht.

Das Ausrufezeichen am Ende der Anrede ist passee, schließlich wollen wir niemanden anschreien. Stattdessen steht ein Komma, und in der nächsten Zeile geht es klein weiter.

☺ TUN

Investieren Sie die Zeit, den Namen Ihres Ansprechpartners in Erfahrung zu bringen. Bei Unternehmen genügt ein Anruf, bei Werbeaktionen an Privathaushalte geht der Name in der Regel aus dem Adressmaterial hervor. Wenn akademische oder Adelstitel oder Amtsbezeichnungen zum Namen gehören, sollten Sie ganz sicher sein, dass Sie sie richtig einsetzen: entweder, indem Sie in eines der entsprechenden Nachschlagewerke schauen, oder, indem Sie bei offiziellen Stellen telefonisch anfragen, was üblich ist.

✓ TIPP

Wählen Sie die angemessene Anrede. Einen alten Herrn darf man wohl auch heute noch mit „Mein sehr verehrter Herr ..." anreden, und auch die „Sehr verehrte gnädige Frau" wird sich geehrt fühlen, wenn sie diese Anredeform gewohnt ist, auch wenn sie eigentlich überholt ist.
Das Übliche und damit auch Sicherste bei Unbekannten ist „Sehr geehrter Herr ..., sehr geehrte Frau ...".
Bei einer klar umrissenen jungen Zielgruppe darf es auch „Hi, Leute" oder „Hallo, Fred" sein.

→ auch: Floskeln, Titel

Anschriftfeld

Anschriften werden auf allen Schreiben und Briefhüllen gleich geschrieben.
Die Zeilen 1–3 bilden die Zusatz- und Vermerkzone. Dort ist bei nur einer Angabe Zeile 3 zu füllen, bei zweien sind es die Zeilen 2 und 3.
Die Anschriftzone beginnt bei Zeile 4. Sollten die Empfängerbezeichnungen und Namen insgesamt mehr als zwei Zeilen umfassen, rückt der Rest entsprechend nach unten.

1.–3. Zeile: Sendungsart, besondere Versendungsform, Vorausverfügung
4. Empfängerbezeichnung

5. Name
6. Postfach oder Straße mit Nummer
7. Postleitzahl und Bestimmungsort
8. Leerzeile oder Auslandsangabe
9. Leerzeile

Das Anschriftfeld wird einzeilig geschrieben.

Antrag

Ein Antrag ist eine offizielle Bitte an eine übergeordnete Entscheidungsinstanz.

✗ VORSICHT

Fast immer sind Anträge an Fristen oder sonstige Vorschriften (Finanzamt, Baubehörde etc.) gebunden, die Sie im Einzelfall berücksichtigen müssen, wenn Sie sofort Erfolg haben möchten.

✓ TIPP

Oft gibt es Antragsformulare, die Ihnen ein Menge Arbeit und Vorüberlegungen ersparen. Fragen Sie bei den zuständigen Stellen danach, und füllen Sie sie immer komplett aus!

→ auch: Formulare

Anzeige

→ Annonce

Apostroph

Der (nicht: das!) Apostroph zeigt Auslassungen in Wörtern an. Nach den neuen Rechtschreibregeln ist er allerdings fast nur noch bei schwer lesbaren oder missverständlichen Formen nötig.

Ich tanzt' und sang den ganzen Tag.

Ansonsten steht in der Regel kein Schluss-e:

- Ich geh mal raus.
- Ich find das nicht nett.
- Das machen wir heut.

! WICHTIG

Was die wenigsten wissen:

- Beim Zusammenfall von Präposition und Artikel steht in der Hochsprache kein Apostroph („aufm Dachboden“, „übers Jahr“)!
- Beim Aufeinandertreffen von „es“ mit einem vorausgehenden Wort kann zwar ein Apostroph stehen, es muss aber nicht („Mir gehts/geht's gut!“).

Der Apostroph steht außerdem zur Kennzeichnung des Genitivs bei Namen, die auf eine(n) der folgenden Buchstaben(kombinationen) enden: -s, -ss, -ß, -tz, -z, -x, -ce: „Ringelnatz' Gedichte". Ansonsten steht er beim Genitiv nicht! „Ina's Backshop" ist also falsch geschrieben.

Appell

Ein Appell ist in sprachlichen Sinn ein Aufruf – zu einem bestimmten Verhalten. In der Werbung soll mit direkten oder indirekten Appellen das Kaufverhalten beeinflusst werden: „Dies ist besser, also kauft es."

→ auch: AIDA

Arbeitsbescheinigung

Eine Arbeitsbescheinigung bestätigt eine Beschäftigungsdauer, ohne Leistungs- und Führungsbewertung. Sie entspricht dem einfachen, unqualifizierten Arbeitszeugnis.

Arbeitsbescheinigung für eine Bürohilfe

Arbeitsbescheinigung

Frau Mechthild Rötgen, am 25. Juli 1982 in Bremen geboren, war vom 1. Januar 2007 bis zum 30. März 2008 in unserer Zweigstelle Köln-Ehrenfeld als Bürohilfskraft beschäftigt.

Köln, den 30. März 2008, ______________ [Unterschrift]

Arbeitsvertrag

Viele Großunternehmen haben Standardverträge, die in Einzelfällen um Nebenabsprachen erweitert werden (können). Dieser Arbeitsvertrag wird dem neuen Mitarbeiter oder der neuen Mitarbeiterin in zweifacher Ausfertigung und schon unterschrieben übergeben oder zugeschickt, wobei ein Exemplar für die Akten des einstellenden Unternehmens gedacht ist.

Einige kleinere oder mittlere Unternehmen regeln die Vertragsbedingungen in einem Einstellungsschreiben, das dann Vertragscharakter hat. Um spätere Streitigkeiten auszuschließen, muss hier Vorarbeit geleistet werden.

! WICHTIG

Der Arbeitsvertrag und auch das Einstellungsschreiben als Vertrag müssen von beiden Vertragsparteien unterschrieben werden.

Checkliste Vertragsbestandteile

- Genaue Bezeichnung der beiden vertragschließenden Parteien?
- Detaillierte Stellen- und Tätigkeitsbeschreibung des neuen Mitarbeiters?

- Sonderregelungen, zum Beispiel Dienstwagen oder Gratifikationen?
- Urlaubsregelungen?
- Arbeitszeiten?
- Vertragsbeginn?
- Vergütung?

Argumentationskette

→ Logik, Roter Faden

Auftrag

Auf die Anfrage und das Angebot folgt der Auftrag. Er wird formlos erteilt, zum Beispiel so:

Auftrag

Ihr Angebot Nr. 234 vom 27. Juli 2008

Sehr geehrter Herr Düsel,

vielen Dank für Ihr Angebot.

Wir möchten, dass Sie die Arbeiten ausführen und so rasch wie möglich – spätestens aber in der 32. Kalenderwoche – damit beginnen.

Mit freundlichen Grüßen

✓ TIPP
Seien Sie in Ihrem Auftrag so konkret wie möglich! Wenn Sie einen bestimmten Zeitpunkt wünschen, schreiben Sie das in den Auftrag, denn wenn Sie vage bleiben, wird der andere die Details bestimmen.

Auftragsbestätigung

Einige Unternehmen verzichten auf eigene Auftragsbestätigungen und schicken lediglich eine unterschriebene Kopie des Auftrags an den Kunden zurück.

Auftragsbestätigung

Ihr Auftrag vom 14. August 2008

Sehr geehrter Herr Kaiser,

herzlichen Dank für Ihren Auftrag.

Sie möchten, dass wir rasch anfangen? Das lässt sich machen! Wir werden schon am 20. August beginnen und vermutlich am 30. August fertig sein.

In den nächsten Tagen werde ich Sie noch einmal anrufen, um sicherzustellen, dass am 20. August morgens jemand zu Hause ist, um uns hereinzulassen.

Nochmals vielen Dank und freundliche Grüße

✓ **TIPP**

Nutzen Sie ruhig die Auftragsbestätigung, um sich und Ihr Unternehmen als besonders kundenfreundlich darzustellen. So wird sie zu einer zusätzlichen Werbemaßnahme.

→ auch: Auftrag

Auskunft

Eine Auskunft in juristischem Sinn muss erteilt werden, wenn bestimmte Voraussetzungen erfüllt sind. Eine Auskunftspflicht zum Beispiel des Arbeitgebers/Drittschuldners ergibt sich aus der Zivilprozessordnung.

Eine eher allgemeine Auskunft können Arbeitgeber etwa beim ehemaligen Vorgesetzten eines Bewerbers einholen, wenn der Bewerber damit einverstanden ist. Das kann telefonisch oder formlos schriftlich geschehen und ist besonders dann sinnvoll, wenn das Arbeitszeugnis Unklarheiten enthält.

Auswahl des Mediums

Es hängt entscheidend vom Inhalt unserer Nachricht ab, für welches Medium wir uns entscheiden: persönliches Gespräch,? Telefon, Telefax, E-Mail oder Brief?

✓ **TIPP**

Das sollte im Einzelfall entschieden werden, obwohl es natürlich Erfahrungswerte gibt. Bei Bewerbungen ist ein persönliches Gespräch erforderlich, bei Reklamationen wirkt ein rascher telefonischer Zwischenbescheid oft Wunder, eine Bestellung per Telefax ist flott und hat Beweiskraft, weil wir das Original in Händen halten, die E-Mail hat sich für kurze Mitteilungen, die keine sofortige Bearbeitung erfordern, etabliert, und der gute alte Brief hat seinen Platz immer noch überall dort, wo Zusammenhänge schwarz auf weiß besser verdeutlicht werden können.

Begleitschreiben

Ein Begleitschreiben kommt – wie der Name schon sagt – nie allein, es „begleitet" eine Beilage. Das kann alles Mögliche sein: Prospekte, Bewerbungsunterlagen, ein Angebot usw.

✓ **TIPP**

Mit einem Begleitschreiben können Sie einen individuellen Kontakt zum Empfänger herstellen. So wirken selbst standardisierte Anlagen persönlich.

! WICHTIG

Ganz besondere Aufmerksamkeit verdient das Begleitschreiben zu Bewerbungsunterlagen.

→ auch: Bewerbung

Beileid

Diese Situation ist aus zwei Gründen schwierig: Einerseits ist man selbst vielleicht betroffen vom Tod eines Menschen, andererseits will man Trost spenden, ohne die Trauer herabzuwürdigen. Ein schmaler Grat trennt hier – aus der Sicht des Empfängers – Pathos von Flapsigkeit.

✓ TIPP

In solchen „Brennsituationen" sollte man den Empfänger und seine Gemütslage sehr genau einschätzen, bevor man eine Nachricht in eigenen – natürlichen – Worten verfasst. Was der eine dankbar als Anlass nimmt, seinen Emotionen freien Lauf zu lassen, empfindet ein anderer als Eindringen in seine privaten Gefühlswelten und reagiert ablehnend. Können Sie den Empfänger nicht so recht einschätzen, bleiben Sie auf der sicheren Seite, wenn Sie zu Beispiel ein Zitat aus einer Sammlung wählen und es in ein paar persönliche Worte betten.

✓ TIPP

Wie bei allen Anlässen, die eher zum privaten Bereich gehören – Hochzeit, Verlobung usw. –, wirken handgeschriebene Briefe auch hier persönlicher und damit besser.

✗ VORSICHT

Besondere Vorsicht gilt hier für Floskeln. „Aufrichtige" Anteilnahme unterstellt insgeheim, dass es auch ein „unaufrichtiges" Mitfühlen gibt, und auch das „tief empfundene Mitgefühl" klingt durch das Verdoppeln des „Fühlens" möglicherweise etwas hohl. Natürliche, nicht gestelzte Formulierungen sollten Sie solchen Leerformeln vorziehen.

Beileid

Lieber Herr Keiser,

ich war tief betroffen, als ich vom Unfall Ihrer Frau erfuhr. Es fällt mir schwer, die richtigen Worte zu finden, und es fragt sich, ob es die überhaupt in einer solchen Situation gibt. Ich fühle mit Ihnen und wünsche Ihnen alle Kraft, um mit diesem schweren Verlust umgehen zu lernen.

Ihr Peter Wipperdonk

→ auch: Angemessenheit

Bericht

Im Geschäftsleben gibt es viele Anlässe für Berichte. Sie dienen dazu, wichtige Informationen zu präsentieren. Das kann zum Beispiel in Form von Geschäftsberichten oder Besprechungsprotokollen geschehen. Auch Zeugnisse gehören zu den Berichten.

Checkliste Berichte

- Welche Informationen möchten Sie vermitteln?
- Warum möchten Sie diese Informationen geben (Rechenschaft, Analyse, Planung usw.)?
- Welche Zielgruppe hat Ihr Bericht?
- Welche Erwartungshaltung hat die Zielgruppe?
- Welche Form ist dem Inhalt und der Zielgruppe angemessen (mündlich, schriftlich, Protokoll etc.)?
- Ist der Text klar und verständlich?
- Ist das Ergebnis/die Schlussfolgerung deutlich herausgearbeitet?
- Ist der Verteiler vollständig?

→ auch: Protokoll, Zeugnis

Bescheinigung

Bescheinigungen dienen dazu, etwas nachzuweisen: die Teilnahme an einer Weiterbildungsmaßnahme, den Besuch bei einem Arzt, eine Arbeitsunfähigkeit und Ähnliches.

! WICHTIG

Bescheinigungen haben Beweiskraft. Gehen Sie deshalb sorgfältig damit um. Ganz besonders Bescheinigungen über freiwillige Teilnahmen an Kursen, die auch Ihrem Berufsleben zugute kommen (PC-Schulungen und Ähnliches), sollten Sie wie Zeugnisse behandeln und gut geschützt aufbewahren.

→ auch: Zeugnis

Beschwerde

→ Reklamation

Bestätigung

Bestätigungen sind zustimmende Mitteilungen, und als solche sind sie nicht problematisch. Etwas Positives lässt sich leichter mitteilen als Negatives.

Bestätigung

Bestätigung meines Besuchstermins am 14. November 2008

Sehr geehrte Frau Müller,

vielen Dank für Ihre Anfrage.

Der von Ihnen vorgeschlagene Besuchstermin am 14. November um 16 Uhr passt mir sehr gut. Ich werde zu Ihnen kommen und die gewünschten Artikelproben mitbringen.

Ich freue mich darauf, Sie endlich auch einmal persönlich kennen zu lernen.

Mit freundlichem Gruß

→ auch: Auftragsbestätigung

Bestellung

Viele Firmen benutzen für ihre Warenbestellungen Formulare. Wo dies nicht üblich ist, kommt es darauf an, alle Details genau zu erfassen. Dafür bietet sich – wegen der besseren Übersichtlichkeit – die Listenform an:

Bestellung

Sehr geehrte Damen und Herren,

wir bestellen laut Ihrer Preisliste vom 1. Januar 2008:

3 Stück	*Schreibtische*	*Artikelnummer*	*12345*
3 Stück	*Schreibtischstühle*	*Artikelnummer*	*23456*
6 Stück	*Aktenregale*	*Artikelnummer*	*45632*

Wie telefonisch mit Frau Dremel besprochen, liefern Sie die gesamte Bestellung frei Haus in der 32. Kalenderwoche.

→ auch: Angebot, Auftrag

Betreff

Das Wort „Betreff" oder „Betr." wird in Briefen nicht mehr geschrieben, weil die Stellung der Zeile (zwei Leerzeilen nach der Bezugszeichenzeile oder dem Informationsblock und zwei Leerzeilen vor der Anrede) deutlich macht, worum es geht. Der Textblock Betreff weist stichwortartig auf den Inhalt hin. Er steht ohne Punkt und kann (zum Beispiel fett) hervorgehoben werden:

Ihr Schreiben vom 14. Juli 08, unsere Antwort vom 17. Juli 08, Anruf Ihres Herrn Klottermann am 20. Juli 08

Beurteilung

Eine Beurteilung kann ein Zeugnis sein, aber auch ein Zwischenzeugnis, eine Empfehlung oder eine Auskunft.

Beweiskraft

Viele Situationen, die Konfliktpotenzial der Kommunikationspartner enthalten, spitzen sich langsam zu und enden schließlich vor Gericht. Wenn man das rechtzeitig erkennt, tut man gut daran, die eigene Position abzusichern, so dass man beweisen kann, was vorgefallen ist. Das kann einerseits durch schriftliche Verträge geschehen wie bei Arbeits-, Kauf- oder Mietverträgen, andererseits aber auch einfach durch Briefe. Mündliche Absprachen sind vor Gericht immer heikel, wenn es keine oder nur zweifelhafte Zeugen gibt.

! WICHTIG

Was Sie schwarz auf weiß haben, hat Beweiskraft – auch vor Gericht! Deshalb empfiehlt sich bei Konfliktsituationen im Arbeitnehmer-Arbeitgeber-Verhältnis oder zwischen Mieter und Vermieter grundsätzlich die Schriftform.

Bewerbung

Eine Bewerbung besteht aus einem Begleitschreiben, einem Lebenslauf, einem Foto und Zeugnissen. Das gilt auch für die in den letzten Jahren immer öfter geforderten Online-Bewerbung.

☺ TUN

Schicken Sie eine Online-Bewerbung nur auf ausdrücklichen Wunsch des Unternehmens. Im Zweifelsfall, etwa bei einer Initiativbewerbung, fragen Sie per E-Mail nach, ob eine Online-Bewerbung gewünscht wird. Die einzelnen Bestandteile hängen Sie dann als Dateianhang an. Achten Sie dabei auf eindeutige Dateinamen, etwa bei Word-Dokumenten: Zeugnisse_A_Schiefer.doc. Ebenfalls wichtig: Gescannte Dokumente sollten beste Qualität besitzen!

Es gibt verschiedene Arten von Bewerbungen:

- Bewerbung auf eine Anzeige
- Initiativbewerbung

! WICHTIG

Das Begleitschreiben zu Ihrer Bewerbung ist für den Empfänger der erste – und oft entscheidende – Eindruck von Ihrer Person, deshalb sollte es hundertprozentig gut und passend sein. Hier begründen Sie, warum Sie sich bewerben (Motivation), warum gerade auf diese Stelle (Qualifikation, Erfahrung) und warum ausgerechnet bei diesem Unternehmen. Ihr Brief muss den Empfänger wenn nicht überzeugen, so doch wenigstens neugierig machen auf den Rest der Unterlagen. Deshalb ist es wichtig, Floskeln zu vermeiden und eher originell zu sein als langweilig.

☹ LASSEN

Verwenden Sie Unterlagen nicht zu oft. Kopieren Sie sie rechtzeitig, bevor sie unansehnlich werden. Schreiben Sie das Anschreiben jedes Mal neu, auch wenn die Unternehmen sich ähneln. Die Gefahr ist zu groß, dass Sie Kleinigkeiten übersehen. Die gleiche Vorsicht gilt übrigens bei Musterbriefen. Personalmanager „schwärmen“ oft noch Jahre später von Bewerbungen, in denen der Absender „Mustermann“ hieß und das Briefdatum der „00-00-00“ war.

Checkliste Bewerbungsschreiben auf Anzeige

1. Inhaltliche Fragen:
   - Anforderungsprofil aus der Anzeige gefiltert?
   - Passt das eigene Profil (Erfahrung, Qualifikation)?

- Kann ich es „passend" machen, ohne zu lügen (zum Beispiel durch Schwerpunktsetzung)?
- Wie kann ich mehr über das Unternehmen erfahren?
- Wie kann ich einen logischen Zusammenhang herstellen zwischen meinem Veränderungswunsch und genau diesem Unternehmen?
- Kann ich aus möglichen Schwachpunkten meines Lebenslaufs (zum Beispiel Seiteneinsteiger) vielleicht sogar Stärken machen (etwa als Neigung zu genau diesem Beschäftigungsfeld)?
- Habe ich einen Zusatznutzen zu bieten, der mich aus dem Feld der Mitbewerber heraushebt?

2. Formale Fragen:
   - Stimmen die Anschrift und der Name des Ansprechpartners?
   - Habe ich einen originellen Einstieg?
   - Tauchen noch Floskeln auf?
   - Ist der Brief logisch?
   - Sind alle Tippfehler beseitigt?
   - Sind die Unterlagen ordentlich?
   - Ist die Reihenfolge korrekt?

Das Begleitschreiben liegt lose als erstes Blatt in einem Hefter. Dann folgen eingeheftet ein Deckblatt mit Angabe des Unternehmens, des Anlasses und Ihrer Adresse, anschließend der Lebenslauf, auf den man ein vom Fotografen gemachtes (Farb-)Passbild kleben kann. Schließlich kommen die Kurzdarstellung und dann die Zeugnisse sowie andere Leistungsnachweise in chronologischer Folge: das neueste zuerst, das älteste zuletzt.

✓ TIPP

Wählen Sie Papier und Hefter dem Empfänger und Ihrer Stellung angemessen: neutral weiß für „normale“ Jobs, Umweltschutzpapier für ökologische Bereiche, eher ausgefallene Materialien für kreative Ansprechpartner. Schieben Sie keine Unterlagen in Klarsichthüllen. Das blendet beim Lesen und erschwert die Auswertung.

! WICHTIG

Knicken Sie die Unterlagen nicht. Und lassen Sie sie bei der Post auswiegen, damit der Empfänger kein Nachporto zahlen muss.

Diese „Äußerlichkeiten“ gelten für eine Initiativbewerbung ebenfalls. Ansonsten ist sie jedoch erheblich schwieriger, weil man hier nicht davon ausgehen kann, dass das Unternehmen überhaupt freie Stellen hat. Deshalb muss man bei dieser Art Bewerbung wirklich initiativ werden und Interesse wecken, und zwar so intensiv, dass der Empfänger ins Grübeln kommt, ob er uns einsetzen kann, selbst wenn keine konkrete freie Stelle vorhanden ist.

Ein Vorteil von Initiativbewerbungen ist der, dass man nicht einer von vielen ist, gegen die man sich durchsetzen muss. Ein weiterer Pluspunkt: Sie haben Zeit, gründlich zu recherchieren und Ihren persönlichen Zusatznutzen für dieses bestimmte Unternehmen herauszuarbeiten.

! WICHTIG

Der Einstieg ist bei Initiativbewerbungen besonders wichtig, weil der Leser hier oft schon entscheidet, ob er überhaupt weiterlesen will. Ein Anfang wie

hiermit bewerbe ich mich als Sozialpädagogin.

programmiert mit ziemlicher Sicherheit den Absturz der Bewerbung in den Papierkorb vor. (Allerdings öffnet solch ein Einstieg auch bei anderen Bewerbungsarten gewiss keine Türen, zumal der Hinweis „hiermit“ in allen Briefsorten völlig überflüssig ist – womit denn wohl sonst?)

✓ TIPP

Lassen Sie sich etwas Besonderes einfallen – das trotzdem angemessen ist. Zum Beispiel können Sie das Unternehmen in den Mittelpunkt des Anfangssatzes stellen, was besonders empfängerorientiert ist:

Ihr Unternehmen hat sich in kürzester Zeit einen guten Namen in der Software-Branche gemacht. Das hat mich sehr beeindruckt, und als Spezialist für Lernsoftware würde ich gerne daran mitarbeiten, diese Marktposition zu festigen und noch weiter auszubauen. Das habe ich zu bieten:

Investieren Sie bei Initiativbewerbungen ausreichend Zeit in die Vorbereitung. Finden Sie – vielleicht per Telefon – den richtigen Ansprechpartner, denn wenn Sie Ihr Schreiben einfach an die Personalabteilung schicken, kann es leicht passieren, dass es in einem Papierberg von nicht so dringenden Unterlagen verschwindet. Und fragen Sie ruhig nach einer angemessenen Zeit (Richtwert: zwei Wochen) nach, ob Ihre Bewerbung angekommen ist und Interesse an Ihnen besteht.

→ auch: Briefmarken/Freistempler, Foto, Lebenslauf, Zeugnis

Bezugzeichenzeile

Die Bezugzeichenzeile besteht aus vorgedruckten Leitwörtern wie Bezugzeichen, Name, Ihr Zeichen, Durchwahl, Datum. Diese Angaben werden in der darunter liegenden Zeile gemacht, und zwar jeweils beginnend unter dem ersten Zeichen des Leitwortes. Dann folgen zwei Leerzeilen zur Betreffzeile.

Bindestrich

Durch die Rechtschreibreform ist die Verwendung des Bindestrichs liberalisiert worden – man kann ihn heute freier setzen, zum Beispiel bei Wörtern mit drei gleichen Buchstaben („Nuss-Sahne").

Eine Änderung der Reform: Zusammensetzungen mit in Ziffern geschriebenen Zahlen werden nun generell mit Bindestrich geschrieben:

- die 14-Jährige
- die 14-jährige Synchronschwimmerin

VORSICHT

Wie das Beispiel zeigt, muss man dabei auch ein Auge auf die Groß- und Kleinschreibung haben!

Der Bindestrich beim Durchkoppeln verschwindet in der Praxis immer mehr, aber nach den Rechtschreibregeln ist er dort nach wie vor vorgeschrieben. Das betrifft alle Aneinanderreihungen. Einige Beispiele:

- Heinrich-Heine-Allee
- U-Bahn-Plakat
- das Außer-Acht-Lassen
- Do-it-yourself-Anleitung
- DIN-A4-Blatt

→ auch: Getrennt- und Zusammenschreibung, Groß- und Kleinschreibung

Bitte

In vielen Schreiben bittet man um irgendetwas: in der Anfrage um ein Angebot, in der Bestellung um Lieferung, im Auftrag um eine Zimmerreservierung usw. Neben diesen Standardanlässen stehen die Bitten, die etwas mehr Mühe vom Korrespondenzpartner erfordern: die Bitte um Rücknahme einer Lieferung wegen Nichtgefallen, die Bitte um Verschiebung eines Termins an den Fliesenleger, weil die Vorarbeiten noch nicht abgeschlossen sind.

! WICHTIG

Wenn Sie ein Bitte haben, die Kulanz auf der anderen Seite erfordert, weil Sie eben keinen Rechtsanspruch auf Erfüllung haben, müssen Sie gute Gründe für Ihren Wunsch anführen und es Ihrem Gegenüber gleichzeitig schmackhaft machen, Ihnen entgegenzukommen.

Bitte um Reparatur eines Elektrogeräts

Sehr geehrte Frau Geipel,

vor etwa einem Jahr kaufte mein Mann bei Ihnen eine Küchenmaschine, die ich gerne und oft benutze.

Nun passiert es seit mehreren Wochen immer wieder, dass sich der Halter, der die Raspelscheibe trägt, aus der Halterung löst. Als mein Mann vor ein paar Tagen in Ihrem Laden war, bot ihm Herr Flötters die Reparatur für cirka 50 Euro an.

Dieser Preis scheint uns im Verhältnis zum Anschaffungspreis des Gerätes sehr hoch, zumal die Garantie erst seit zwei Monaten abgelaufen ist und die Reparatur bei Ihnen durchgeführt werden kann, wie Herr Flötters angab.

Wir sind seit vielen Jahren Kunden in Ihrem Haus und möchten bald auch eine Klimaanlage für das Büro meines Mannes bei Ihnen kaufen.

Bitte prüfen Sie, ob unter diesen Bedingungen die Reparatur auf dem Kulanzweg möglich ist.

Vielen Dank im Voraus!

! WICHTIG

Diese Bitte hat gute Chancen, erfüllt zu werden, weil

- der Brief freundlich ist
- die Garantiefrist erst kurz überschritten ist
- die Reparatur einfach scheint
- die Schreiberin eine gute Kundin ist und
- ein größerer Folgeauftrag angekündigt wird

Blocksatz

Während Blocksatz in Büchern und Zeitschriften der Standard ist, findet man ihn in der Korrespondenz eher selten. Das liegt zum einen daran, dass Flattersatz einfach persönlicher wirkt. Zum anderen ziehen die meisten Textverarbeitungsprogramme heute noch im Blocksatz viele Wörter zu weit auseinander, um die Zeilen zu füllen, was das Lesen und Verstehen erheblich beeinträchtigen kann.

✓ TIPP

Wählen Sie bei Geschäftsbriefen eher Flattersatz. Bei mehrspaltigem Seitenlayout ist hingegen Blocksatz eindeutig vorzuziehen: Flattersatz wirkt dort viel zu unruhig.

Brief

Der Brief wird heute oft als veraltetes Kommunikationsmittel bezeichnet, weil er viel langsamer ist als Telefon, E-Mail oder Fax. Und sicher hat er tatsächlich die Bedeutung eingebüßt, die er etwa in der Romantik hatte, wo man ganze Briefromane schrieb. Trotzdem hat er auch heute noch seinen Platz, und zwar überall dort, wo ausreichend Zeit vorhanden ist.

→ auch: zum Beispiel Anfrage, Angebot, Bewerbung, Reklamation

! WICHTIG

Dann hat er den Vorteil, dass man sich in Ruhe und ohne direkte Konfrontation mit dem Kommunikationspartner die eigenen Gefühle, die Argumente und mögliche Gegenargumente überlegen kann.
Außerdem wirkt ein Brief nachhaltiger als andere Kommunikationsformen, weil man immer wieder nachlesen kann. Und er hat Beweiskraft, weil er eben nicht flüchtig ist wie das gesprochene Wort.

Briefanfang

→ Erster Satz

Briefbogen

Ein Briefbogen hat normalerweise DIN-A4-Format. Es gibt ihn in unterschiedlichen Qualitäten, vom umweltfreundlich hergestellten gräulichen Papier über verschieden dicke Blätter bis hin zum Büttenpapier. Von der Art des Briefes und dem Schreibanlass hängt ab, welche Papierqualität man wählt.

→ auch: Angemessenheit, Bewerbung, Einladung

Briefende

→ Letzter Satz

Briefgeheimnis

Im Artikel 10 Absatz 1 unseres Grundgesetzes heißt es: „Das Briefgeheimnis sowie das Post- und Fernmeldegeheimnis sind unverletzlich."

! WICHTIG

Allerdings sagt schon der folgende Absatz 2, dass es Einschränkungen durch Gesetze geben kann. Ein solches ist das so genannte G-10-Gesetz von 1968, neben anderen Bestimmungen, die dem Staat recht weit reichende Eingriffsmöglichkeiten einräumen.

✓ TIPP

Normalbürger untereinander sind – bis auf das Elternrecht, Briefe an ihre Kinder zu lesen – durch das Strafgesetzbuch weitgehend vor Eingriffen in das Briefgeheimnis geschützt. Wenn Sie absolut sicher sein wollen, kommt allerdings nur das Gespräch unter vier Augen in einem abhörsicheren Raum in Frage.

→ auch: Postvollmacht

Briefkopf

✓ **TIPP**

Wer Wert auf perfekte Geschäftspapiere und Corporate Design legt, der sollte sich mit einer Grafikerin oder einem Grafiker zusammensetzen und zumindest die Grundlagen wie Logo, Schriftarten und -größen sowie Farbgestaltung und Layout für den Briefkopf erarbeiten.

Früher wurde der Briefkopf von der Druckerei auf die Bögen aufgedruckt. Das ist heute viel einfacher geworden. Es gibt Software, mit der man eigene Geschäfts- oder Privatpapiere herstellen kann. Und Grafikprogramme helfen Ihnen, individuelle Papiere zu entwerfen.

Brieflänge

Grundsätzlich gilt in Zeiten der Informationsflut: Besser kürzer als länger! Viele Personalverantwortliche weigern sich beispielsweise, Bewerbungsanschreiben, die über mehr als eine Seite gehen, überhaupt zu lesen.

Aber hier ist es wie bei jedem anderen Thema auch: Der Einzelfall zählt. Auch die Brieflänge muss dem Anlass angemessen sein. Eine wortreiche Ausführung, wenn es nur um die Bestätigung eines Termins geht, ist ebenso fehl am Platz wie ein nur zwei Zeilen umfassender Nachfassbrief. Und eine Entschuldigung im Rahmen der Bearbeitung einer Reklamation sollte nicht zu kurz ausfallen, damit sich der oder die Reklamierende auch ernst genommen und angemessen behandelt fühlt.

Briefmarken/Freistempler

Ob Sie Briefmarken oder Freistempler benutzen, auch diese Entscheidung hängt vom Anlass Ihres Briefes ab. Die übliche Geschäftskorrespondenz werden Sie mit dem Freistempler einfach „durchnudeln". Alles Persönliche ist mit einer Briefmarke jedoch viel besser versorgt.

✓ TIPP

Bei persönlichen Anlässen wie Einladungen zur Hochzeit oder Ähnlichem sehen Briefumschläge mit hübschen Sondermarken besonders individuell aus.

✗ VORSICHT

Bewerbungsunterlagen sollten Sie immer mit Briefmarken verschicken. Der Freistempler Ihres alten Arbeitgebers ist hierfür absolut tabu!

Bürgschaft

Eine Bürgschaft ist ein Vertrag, durch den sich der Bürge gegenüber dem Gläubiger eines Dritten verpflichtet, für Verbindlichkeiten dieses Dritten einzustehen.

! WICHTIG

Die Bürgschaft ist also ein Kreditsicherungsmittel und bedarf der Schriftform. Allerdings sind Vollkaufleute bei Bürgschaften innerhalb ihres Handelsgewerbes auch durch die Schriftform nicht geschützt. Im Zweifel sollte man sich deshalb immer von kompetenten Menschen (Juristinnen, Notare) beraten lassen.

Checkliste Bürgschaft

- Wer ist der Gläubiger?
- Wer ist der Hauptschuldner?
- Wie hoch ist die Schuld?
- Willenserklärung zur Übernahme der Bürgschaft?
- Wer ist der Bürge?
- Datum?
- Unterschrift des Bürgen?
- Unterschrift des Gläubigers?

! WICHTIG
Neben der einfachen Bürgschaft gibt es Sonderformen, etwa die selbstschuldnerische Bürgschaft oder die Höchstbetragsbürgschaft. Machen Sie sich unbedingt (rechts)kundig, bevor Sie Bürgschaften übernehmen, denn die Konsequenzen können weit reichend sein.

„Einfache" Bürgschaft

Ich,

Erika Schiffer, Pappelallee 14, 80453 Kleinzinnental,

übernehme die Bürgschaft für die Darlehensforderung, die von

Herrn Klaus Raffer, Pappelstraße 12, 80453 Kleinzinnental, gegenüber

Herrn Peter Gähtow, Pappelallee 18, 80453 Kleinzinnental, gem. Vertrag vom 3. Oktober 2008

in Höhe von 10 000 Euro

besteht.

_____________________ *[Unterschriften]*

c/o

Die Abkürzung c/o kommt aus dem englischen Sprachraum und steht für „care of". Das heißt „per Adresse" oder

„bei". Man schickt mit c/o also Post etwa an einen Untermieter oder Mitarbeiter, dessen Name auf dem Haus- oder Firmenschild nicht zu sehen ist. Das bei uns früher übliche „zu Händen" bezeichnete nach der Firma den Empfänger.

- In England/USA:
  Peter Schneider
  c/o Pharmatron
- In Deutschland:
  Pharmatron
  (Zu Händen) Peter Schneider

! WICHTIG

Im Beispiel steht das „Zu Händen" in Klammern, weil es überflüssig und heute unüblich ist. Aus der Stellung ergibt sich schließlich, wer der Empfänger ist. Die direkte Entsprechung zum englischen „Peter Schneider c/o Pharmatron" als „Peter Schneider bei Pharmatron" ist bei uns nicht üblich.

Chiffreanzeige

Chiffreanzeigen wahren die Anonymität des Inserenten. Bei privaten Anzeigen hat das nur Vorteile: Hier kann man in Ruhe eine Auswahl treffen und selbst entscheiden, mit wem man direkten Kontakt aufnehmen möchte. Im beruflichen Bereich haben Chiffreanzeigen positive und negative Aspekte:

- Wenn ein Arbeitnehmer per Chiffreanzeige ein Stellengesuch aufgibt, kann er sicher sein, dass sein Arbeitgeber wenigstens nicht auf diesem indirekten Weg und ohne sein Wissen von seinem Veränderungswunsch erfährt.
- Wer sich allerdings auf ein Stellenangebot mit Chiffreangabe bewirbt, läuft – wenn auch geringe – Gefahr, beim eigenen Brötchengeber zu landen, was für beiden Seiten peinlich sein könnte.

Um das zu vermeiden, können Sie Ihre Unterlagen aber mit einem Sperrvermerk versehen, der eine Weiterleitung an eine bestimmte Adresse verhindert.

Clustering

Clustering ist ein nicht lineares Brainstorming-Verfahren, das von der Amerikanerin Gabriele L. Rico entwickelt wurde. Nichtlinear bedeutet, dass man damit nicht nur eins nach dem anderen aufschreiben kann (unsere Schrift ist linear und zwingt uns daher dazu!). Unser Denken verläuft ja keineswegs linear, und eine nicht lineare Methode wie das Clustering trägt dem Rechnung.

Wie beim Mind Mapping schreiben Sie in die Mitte eines A4- oder A3-Blattes (Querformat!) einen Kern (ein Wort oder Thema). Sie ziehen einen Kreis darum. Nun assoziieren Sie, ohne sich zu zensieren oder zu kontrollieren. Das ist wichtig, damit Ihre linke intuitive, musikalische, kreative Hirnhälfte auch zum Zuge kommen kann! Schreiben Sie jeden Einfall in einen eigenen Kreis und verbinden Sie jeden neuen Kreis durch einen Stich mit einem vorigen. Wenn Ihnen etwas ganz anderes einfällt, beginnen Sie wieder vom Mittelpunkt aus. So entstehen Ketten und Strukturen.

✓ TIPP

Phillip Bozek empfiehlt in dem Buch „50 Ein-Minuten-Tips für erfolgreichere Kommunikation" (Redline Wirtschaftsverlag), für firmeninterne Memos die Clusterform zu verwenden. In den Mittelkreis kommt dann – wie immer – das Thema, und in eigenen Kreisen, die jeweils mit einem Strich mit dem Mittelkreis verbunden sind, stehen Angaben zu: wer, wie, warum, wo, wann, was, Vorbereitung.

Das Clustering ist einfacher als das Mind Mapping und nicht so regelgeleitet. Es ist zur Ideenfindung als erster Schritt ideal – bei Bedarf kann man die Ergebnisse ja anschließend noch in einem Map auswerten und darstellen.

Wenn Sie beispielsweise Ideen für einen originellen sommerlichen Gruß suchen, können Sie ein Cluster mit dem Kern „Sommer" machen. Ein Beispiel:

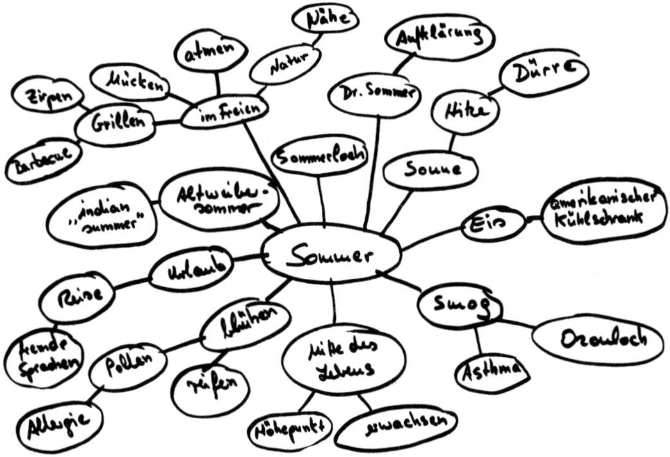

Cluster zum Thema „Sommer"

→ auch: Kreativität, Mind Mapping

Corporate Communications

Dieser Begriff ist ein Unterbegriff zur Corporate Identity, der bedeutet, dass die gesamte Kommunikation eines Unternehmens – also auch die Korrespondenz und das Telefonverhalten – auf die Gesamtphilosophie abgestimmt sein sollte.

→ auch: Corporate Identity

Corporate Identity

Der Begriff Corporate Identity – oder kurz CI – erlebte seine Blüte in den 80er Jahren. Er bedeutet, dass ein Unternehmen persönliche Züge haben sollte, einen Charakter, so dass eine ganz spezifische Identität erkennbar wird. Diese „Identity" soll in allen Details des Auftretens erkennbar sein: Verhalten der Mitarbeiter (Corporate Behaviour), äußeres Erscheinungsbild (Corporate Design der Gebäude, Menschen, Briefbögen, Prospekte, Produkte usw.) und Korrespondenz (Corporate Communications). Das soll beim Kunden schon beim Empfang einer einzelnen CI-Nachricht (zum Beispiel Firmenlogo) eine Reihe von Assoziationen auslösen, die – teilweise nur im Unterbewusstsein – ein positives Gesamtbild des Unternehmens entstehen lassen.

→ auch: Corporate Communications

Dank

Dank zu sagen ist ein wichtiger Bestandteil der Korrespondenz. Da gibt es die verschiedensten Anlässe: Dank für Einladungen, Dank für Feiern, Dank für Glückwünsche, Dank für Besuche, Dank für eine erfreuliche Zusammenarbeit usw. An diesen wenigen Beispielen wird deutlich, dass es drei Hauptgruppen gibt: die persönlichen und die geschäftlichen Anlässe; die dritte Gruppe bilden die Dankesfloskeln am Anfang fast jedes Briefes, die oft unterschätzt werden.

Danksagung zu persönlichen Anlässen

Die Situationen sind schier unerschöpflich, und doch ist es sinnvoll, sich in jeder persönlich zu bedanken, auch wenn hunderte anderer Gäste geladen waren. Schließlich waren wir dem Gastgeber so wichtig, dass er uns eingeladen hat. Dafür steht ihm Dank zu.

Man kann mit dem Dank ganz allgemein bleiben:

Es war ein schönes Fest. Die Stimmung war hervorragend und die Bewirtung perfekt. Wir hatten viel Spaß und werden lange an Ihren Ehrentag zurückdenken, vielen Dank!

Oder man kann ganz persönliche Eindrücke wiedergeben:

Ihre Hochzeitsfeier war rundum gelungen. Besondere Freude hat mir ein langes Gespräch mit Herrn Glauber gemacht, den ich aus Ihren Erzählungen schon lange kannte, aber jetzt zum ersten Mal persönlich getroffen habe.

Vielen herzlichen Dank für diesen schönen Tag!

✓ **TIPP**

Für persönliche Anlässe sollte auch das Dankschreiben persönlich sein: kein Geschäftspapier und kein Diktat, Handgeschriebenes kommt besser an!

Danksagung zu geschäftlichen Anlässen

Je nach Anlass und Grad der Bekanntheit können geschäftliche Danksagungen etwas förmlicher ausfallen als persönliche, aber auch hier gilt es, dem Empfänger persönlich dafür zu danken, dass er uns berücksichtigt hat. Geschäftspapier und Diktat sind möglich, dann sollte der Text aber wenigstens etwas persönlicher ausfallen als die Form.

Danksagung als „Türöffner“ in Briefen

Fast jeder Geschäftsbrief fängt mit einem Dank an: „Danke für Ihren Brief, … Besuch, … das Telefonat …“ Viele von uns haben sich aus Bequemlichkeit angewöhnt, mechanisch einen solchen Anfangssatz zu nehmen, weil er den Einstieg erleichtert. Das Mechanische dieses Vorgehens verhindert aber, dass wir kreativ mit diesem ersten Satz des Briefes umgehen. Und das ist schade, weil er die „Tür zum Empfänger“ darstellt: Wir fallen nicht mit der Tür ins Haus, sondern wir klopfen an, und wir werden so empfangen, wie wir anklopfen. Es lohnt sich also, etwas länger über diesen Briefeinstieg nachzudenken und positiv von den üblichen Floskeln abzuweichen:

- vielen Dank, dass Sie so schnell geantwortet haben!
- danke schön für Ihre rasche Hilfe!
- ganz herzlichen Dank für die Zeit, die Sie sich am 14. Januar für unser Gespräch genommen haben, Sie haben uns damit sehr geholfen.

✓ TIPP

Legen Sie sich eine Sammlung von Textbausteinen zu diesem Thema an, gegliedert nach konkreten Situationen, zum Beispiel Anruf, Brief, Vertreterbesuch, Besprechung, eigener Besuch, Messetreffen usw. Arbeiten Sie an dieser Liste, ergänzen und verbessern Sie sie ständig! Und wenn Sie sie benutzen: Variieren Sie im Einsatz der Textbausteine, zum Beispiel indem Sie Ihr Dankeschön jeweils wochenweise im konkreten Zusammenhang – kontextgebunden – neu gestalten und in der Liste erfassen, oder innerhalb der vorgegebenen Situation der Reihe nach, oder nach dem Zufallsprinzip.

Sie bleiben dort positiv im Gedächtnis haften, wo man sich „normalerweise" nicht schriftlich bedankt: beim besonders netten Empfangschef, bei der hilfsbereiten Sekretärin des Geschäftspartners usw. Wenn Sie solche Situationen für einen persönlichen Dank nutzen, schaffen Sie sich mit der Zeit ein Netzwerk von guten Kontakten.

Datum

Nach der DIN 5008 steht das Datum auf Grad 50 (Pica 10er) bzw. 60 (Elite 12er) – also 125,7 mm vom linken Blattrand entfernt – neben dem Absendernamen, sofern es keine Bezugszeichenzeile oder einen Informationsblock gibt.

✗ VORSICHT

Die alte Datumsschreibweise („13.01.08“) ist nach der Euronorm EN 28601 heute falsch! Richtig sind nur noch:

- 99-01-13 (die Jahreszahl sollte nur zweistellig geschrieben werden, wenn die Interpretation eindeutig ist!)
- 2008-01-13
- 13. Januar 08
- 13. Januar 2008
- 13. Jan. 08
- 13. Jan. 2008

✓ TIPP

Wer niemanden mit der internationalen Schreibweise verschrecken oder sich nicht umgewöhnen möchte, kann die Varianten mit ausgeschriebenem oder abgekürztem Monatsnamen wählen. Dabei bleibt ja die vertraute Reihenfolge (Tag, Monat, Jahr) erhalten.

Diktatzeichen

Für Diktatzeichen gibt es keine Vorschriften, aber üblich sind die klein geschriebenen Kürzel. Der oder die Verfasser werden zuerst genannt, mehrere werden mit Schrägstrich

getrennt, dann folgt ein Bindestrich, dann die Schreibkraft:
mü/fr/üc-di

Müller, Freitag und Ückermann sind die Verfasser, Dickfer ist die Schreibkraft.

DIN 5008

Die DIN 5008 legt die „Schreib- und Gestaltungsregeln für die Textverarbeitung" fest. Hier eine Musterseite, an der Sie die Gestaltungsregeln, Leerzeilen, Einrückungen etc. ablesen können (siehe Abbildung S. 75).

Wer Genaueres zu Grad- und Millimeterangaben und abweichenden Gestaltungsmöglichkeiten wissen möchte, kann den Sonderdruck der DIN 5008 beim Beuth Verlag bestellen: Burggrafenstraße 6 in 10772 Berlin, Tel. 030 2601-2260, auch: E-Mail info@beuth.de. Im humboldt Verlag gibt es ein Buch mit einer verständlichen Kommentierung der DIN 5008: „Briefe und E-Mails schreiben nach DIN" von Eike Hovermann (ISBN 978-3-89994-067-1). Der Autor ist Mitglied der DIN-Kommission.

●
●
●
●
Susanne Schwager — 2008-12-04
Haifischweg 12
50667 Köln
Tel. 0221 xx xx xx
●
●
●
●
●
●
●
Schweinskopf AG
Presseabteilung
Herrn Peter Helferlein
00236 Sülzberg
●
●
●
●
Bestätigung des Pressetermins am …
●
●
Lieber Herr Helferlein,
●
xxxxxxxxxxxxxxxxxxxxxxxxxxxxxxxxxxxxxxxxxxxxxxxxxxxxxxxxxxxxxxxxxxx
xxxxxxxxxxxxxxxxxxxxxxxxxxxxxxxxxxxxxxxxxxxxxxxxxxxxxxxxxxxxxxx.
●
[Einrückung]
●
xxxxxxxxxxxxxxxxxxxxxxxxxxxxxxxxxxxxxxxxxxxxxxxxxxxxxxxxxxxxxxxxxxx
xxxxxxxxxxxxxxxxxxxxxxxxxxxxxxxxxxxxxxxxxxxxxxxxxxxxxxxxxxxxxxxxxxx
xxxxxxxxxxxxxxxxxxxxxxxxxxxxx.
●
xxxxxxxxxxxxxxxxxxxxxxxxxxxxxxxxxxxxxxxxxxxxxxxxxxxxxxxxxxxxxxxxxx.
●
Freundliche Grüße

Anlage
Kopie Presseausweis

Briefblatt nach DIN 5008

DIN 676

Diese DIN-Norm dient der Gestaltung von Briefbögen für den Geschäftsverkehr. Es gibt zwei Formblätter. Die Vorschriften können Sie beim Beuth Verlag GmbH beziehen, Burggrafenstraße 6 in 10772 Berlin, Tel. 030 2601-2260, auch: E-Mail info@beuth.de.

Dokumentenvergleich

Der Dokumentenvergleich ist eine Möglichkeit, Dokumentenversionen vor und nach einer Bearbeitung miteinander zu vergleichen. „Dokumentenvergleich" ist eine Unterfunktion der Funktion Überarbeiten in Textverarbeitungssoftwares (die Bezeichnungen variieren je nach Anbieter). Wenn man diese Funktion aktiviert, kann man Veränderungen im Text sichtbar machen. Korrigieren mehrere Personen den Text, werden die unterschiedlichen Versionen deutlich und man kann sich für die beste entscheiden.

! WICHTIG

Diese Funktion ist besonders hilfreich, wenn größere Textmengen überarbeitet werden müssen, wie zum Beispiel Buch- oder Redemanuskripte.

Doppelpunkt

Der Doppelpunkt wird außer zur Ankündigung von direkter Rede selten verwendet, obwohl er einiges zur Strukturierung von Sätzen leisten kann. Das lag bisher vielleicht auch daran, dass die Regeln darüber, wann man einen vollständigen Satz nach einem Doppelpunkt groß und wann klein schreiben musste, kaum zu durchschauen waren. Nach der Rechtschreibreform ist diese Entscheidung nun aber unserer Wahl überlassen, und im Sinne kreativer Zeichensetzung sollten Sie durchaus Gebrauch vom Doppelpunkt machen.

Er lenkt – ähnlich wie ein Gedankenstrich – die Aufmerksamkeit auf das, was danach kommt, und verleiht diesem Text dadurch mehr Gewicht. Oder er zeigt an, dass nun eine Zusammenfassung, ein Resümee des Vorangegangenen, folgt. Außerdem kann er eine Gliederungshilfe in komplexen Satzzusammenhängen sein, ebenso wie das Semikolon, und manchmal können diese beiden Satzzeichen sich sogar hervorragend ergänzen. Das folgende Beispiel – allerdings in anderer Reihenfolge – finden Sie daher auch unter dem Stichwort Semikolon.

Wie man den richtigen Ton trifft; wie man herausfindet, in welcher Stimmlage man am liebsten singt; warum man jemanden braucht, der eine Stimme führt; und wie schön es ist, Applaus zu bekommen: All/all das habe ich im Chor gelernt.

Effektivität

Effektivität ist ein wichtiges Stichwort unter dem Aspekt der Wirtschaftlichkeit im Unternehmen. Auch Kommunikation und Korrespondenz fallen darunter. Geht man ohne Vorgaben daran, entstehen erhebliche Kosten. Bedenken Sie nur den Zeitfaktor beim Diktieren, Schreiben, Korrekturlesen, Korrigieren! Formulare und Textbausteinen können diese Aufgaben effektivieren und damit kostengünstiger machen.

In vielen Großunternehmen tippen die Sachbearbeiter ihre Texte direkt selbst in den Netzwerk-PC und sparen so den Arbeitsgang des Diktierens/Hörens/Schreibens.

→ auch: Auswahl des Mediums, Formular, Textbausteine

Ehrung

→ Glückwunsch

Einladung

Einladungen gibt es im privaten und im geschäftlichen Bereich, sie sind dem Charakter nach aber immer eher persönlich, selbst wenn es zum Beispiel um eine Einladung zu einem Vortrag geht. Der persönliche Charakter dieser Art von Schreiben sollte auch an der Form deutlich werden.

☺ TUN

Deshalb sollte sich das Briefpapier bei stark aus dem Geschäftsalltag fallenden Anlässen von dem üblichen Geschäftspapier abheben, etwa durch eine bessere Qualität und das Fehlen des Briefkopfes. Auch die Schrift kann abweichen: Es gibt schöne Computerschriften, die Handschriften gleichen. Man kann aber auch Karten drucken lassen. Und Briefmarken auf dem Umschlag wirken persönlicher als der Abdruck des Freistemplers.

Einladung

Lieber Herr Jürgens,

am 15. Dezember bin ich zwanzig Jahre bei Klöters und Söhne. Hätten Sie gedacht, dass wir uns schon so lange kennen?

Dieses Jubiläum möchte ich mit Geschäftspartnern, Mitarbeitern und Freunden feiern, natürlich auch mit Ihnen.

Machen Sie und Ihre Partnerin mir die Freude und feiern mit uns?

Wann: am 15. Dezember 2008

Wo: im Restaurant Goldenes Kalb in Hüttern, Gänseweg 20

Bitte geben Sie mir bis zum 15. November Bescheid, dass Sie kommen können.

Ich freue mich schon sehr auf ein Wiedersehen.

Freundliche Grüße

In die Einladung gehören die persönliche Anrede, der Anlass, Ort und die Zeit der Veranstaltung, eventuell die Einladung an eine Begleitung, möglicherweise Kleidungswünsche, um dem Gast Peinlichkeiten zu ersparen, und vielleicht die Bitte um Antwort. (Das oft am Ende der Karte zu findende „U.A.w.g." heißt „Um Antwort wird gebeten".)

✓ TIPP

Schöner als die zur Abkürzung erstarrte Floskel klingt natürlich eine individuelle Aufforderung. Ich freue mich auf Ihre Zusage bis zum 20. Dezember!

! WICHTIG

Bei einigen Anlässen, häufig zum Beispiel bei Hochzeiten oder Beerdigungen, gibt es zwei „Veranstaltungen". Dann ist es üblich, zum offiziellen (kirchlichen) Teil die Karte zu verfassen. Für die Feier im kleineren Kreis werden separate kleinere Kärtchen beigelegt.

Separates Kärtchen als Beilage zur Mitteilung über eine Heirat

Im Anschluss an den Sektempfang wollen wir gemeinsam zum Hotel Weißer Adler in Großschladern fahren und dort feiern. Ihr seid dazu ganz herzlich eingeladen. Verkleidung oder Abendgarderobe ist nicht erforderlich.

Gebt ihr uns bitte bis zum 20. Mai Nachricht, ob wir mit euch rechnen können?

Telefon: 02229 540976

Der Hinweis auf zwanglose Kleidung ist bei Hochzeiten sicher sinnvoll, weil dieser Anlass eher zu den Situationen gehört, die man mit Abendgarderobe verbindet.

Checkliste Einladung

- Gästeliste?
- Zeitplan: Wann drucken, wann verschicken, wann sind Antworten nötig?
- Karten:
- Anlass, Ort, Uhrzeit?
- Anfahrtsplan?
- Kleidung?
- Antwort bis wann?
- Stückzahl?
- Beilegkärtchen?
- Stückzahl?
- Sonderliste Adressen Beilegkärtchen?

Einleitung

→ Dank, Erster Satz

Einrückung

Einrückungen und Zentrierungen im Brief heben Textpassagen hervor. Sie werden nach DIN 5008 mit je einer Leerzeile vom Text davor und dahinter abgegrenzt.

✓ TIPP

Mit dem Computer haben sich Einrückungen mit der Tabulatortaste eingebürgert, die man heute problemlos verwenden kann. Stellen Sie in der Tabulatorleiste dafür die Abstände ein, die nach der DIN 5008 für Einrückungen vorgesehen sind.

Einspruch

Der Einspruch ist die offizielle Variante des Widerspruchs. Einspruch legt man ein gegen zweifelhafte Steuerbescheide, ungerechtfertigte Bußgeldbescheide und Ähnliches. Für den Einspruch gibt es meistens Fristen, die gewahrt werden müssen, weil er sonst nicht wirksam wird.

→ auch: Widerspruch

! WICHTIG

Wenn Sie unter Zeitdruck stehen, reicht es in der Regel aus, den Einspruch formlos einzulegen, Hauptsache, er geht fristgerecht ein. Sie sollten dann allerdings unbedingt darauf hinweisen, dass eine schriftliche Begründung noch folgt.

E-Mail

E-Mail, die elektronische Post, ist eine sehr reizvolle Möglichkeit, per Internet mit geringem Aufwand zu kommunizieren. Man kann damit schneller und kostengünstiger als auf dem Postweg (snail mail – Schneckenpost) Nachrichten empfangen und verschicken, auch an verschiedene Empfänger gleichzeitig. Man kann sich auch in Mailing-Listen eintragen lassen und sich so mit mehreren Teilnehmern gleichzeitig austauschen. Auch Werbung lässt sich per E-Mail kostengünstig verschicken. Die Möglichkeiten sind schier grenzenlos.

Über den Zeit- und Kostenfaktor hinaus hat E-Mail gegenüber dem Telefon den großen Vorteil, dass Sie die Nachricht abrufen und bearbeiten können, wann Sie es möchten. Für den Absender hat das den Vorteil, dass er sicher sein kann, Sie zu erreichen. Außerdem liegt seine Nachricht schwarz auf weiß vor.

Formale Vorschriften gibt es bei diesem jungen Medium kaum. Allerdings sind kurze, unformatierte Texte am angenehmsten zu lesen, weil man den kleinen Bildausschnitt nicht ständig verändern muss. Leerzeilen nach der Anrede und zwischen Absätzen empfiehlt die DIN 5008 aber dennoch.

✗ VORSICHT

E-Mail birgt aber auch Gefahren. Der lockere Umgangston mag über ernste Inhalte hinwegtäuschen. Außerdem ist das Medium nicht nur schnell, sondern auch „flüchtig“: Oft werden Nachrichten versehentlich gelöscht – oder auch absichtlich, weil sie wie Spam wirken. Die Anbieter zweifelhafter Kredite sind beim Spam noch die harmloseren Vertreter. Außerdem besteht die Gefahr, sich mit E-Mails Viren auf den eigenen PC hunterzuladen. Da ist es ganz verständlich, dass so manche E-Mail, deren Absender man nicht kennt, einfach gelöscht wird, ohne dass sie gelesen wurde.

Die vielen technisch neuen Möglichkeiten wie das Einbinden von Bildern usw. sollten Sie – bei professionellem Einsatz – nur ausnahmsweise nutzen. Denn je mehr grafischer „Schnickschnack“ in Ihrer E-Mail ist, umso langsamer wird sie übertragen.

✓ TIPP

Der Betreff ist zentral für das Bearbeiten und Verwalten von E-Mails, und zudem ist er oft der einzige Anhaltspunkt für den Inhalt, wenn man die Absenderadresse nicht kennt. Deshalb sollte er immer ausgefüllt werden und besonders aussagekräftig formuliert sein. Also nicht: „Bestätigung", sondern beispielsweise „Bestätigung Ihrer Zimmerbuchung vom ...".

Seit 2006 gelten Vorschriften für Pflichtangaben in Geschäftsbriefen nicht nur für die Briefform, sondern auch für E-Mails. Das betrifft: Einzelkaufleute, Personenhandelsgesellschaften, Gesellschaften mit beschränkter Haftung, Aktiengesellschaften, Partnerschaftsgesellschaften und Genossenschaften – nicht jedoch Freiberufler und Gesellschaften bürgerlichen Rechts.

Diese Angaben – die Sie am besten gleich in die Signatur aufnehmen – sind:

- vollständiger Firmenname, so wie er im Handelsregister, Partnerschaftsregister oder Genossenschaftsregister eingetragen ist:
  - Rechtsformzusatz (zum Beispiel GmbH, KG, Kommanditgesellschaft, OHG, AG)
  - Hauptsitz des Unternehmens
  - Registernummer des Unternehmens
  - Registergericht des Unternehmens

Bei GmbHs kommen diese Pflichtangaben dazu:

- alle Geschäftsführer mit ausgeschriebenem Vor- und Nachnamen
- der Aufsichtsratsvorsitzende (falls es einen gibt) mit ausgeschriebenem Vor- und Nachnamen

Bei AGs sind diese Pflichtangaben zusätzlich aufzunehmen:

- alle Vorstandsmitglieder mit ausgeschriebenem Vor- und Nachnamen; der Vorstandsvorsitzende ist als solcher zu bezeichnen
- ausgeschriebener Vor- und Nachname des Aufsichtsratsvorsitzenden

Für Genossenschaften und Niederlassungen ausländischer Firmen gibt es jeweils noch weitere Pflichtangaben, über die Sie sich informieren sollten.

→ auch: Akronym, Auswahl des Mediums, Kopie, Smiley

Empfänger

Empfänger ist in der Korrespondenz der Briefempfänger. In der Kommunikation ist es der Empfänger von Nachrichten allgemein.

→ auch: Kommunikation

Empfängerorientierung

In der Schule haben wir früher gelernt, keinen Brief mit „Ich" zu beginnen. Das war etwas zu krass, denn es kann natürlich Situationen geben, in denen das nötig ist. Aus heutiger Sicht hat es auch weniger mit Höflichkeit zu tun, wenn wir das „Ich" vermeiden, sondern eher mit einem insgesamt partnerschaftlicher orientierten Herangehen an Kommunikationspartner.

→ auch: Kundenorientierung, Win-Win-Strategie

Empfangsbestätigung

In einigen Fällen ist es aus Beweisgründen notwendig, eine Empfangsbestätigung zu haben, so zum Beispiel bei Kündigungen. Wenn Sie sie per Einschreiben mit Rückschein verschicken, bekommen Sie den unterschriebenen Rückschein zurück. Dieser dient dann als Empfangsbestätigung, so dass Sie im Streitfall beweisen können, dass Sie die maßgeblichen Fristen gewahrt haben.

Empfehlung

Empfehlungs- oder Referenzschreiben sollen dem Empfänger die Qualitäten eines Menschen nahebringen und sind deshalb so etwas Ähnliches wie ein Zeugnis. Empfehlungsschreiben werden häufig im privaten Bereich ausgestellt: für Haushälterinnen, Gärtner, Babysitter.

Empfehlungsschreiben für eine Tagesmutter

Frau Mechthild Goldener hat von April 2005 bis August 2008 als Tagesmutter bei uns gearbeitet. Sie hat unsere beiden Kleinkinder bei uns zu Hause betreut, den älteren zum Kindergarten gebracht, mittags abgeholt und neben der liebevollen Betreuung unserer Kinder auch noch die Zeit gefunden, im Haushalt zu helfen: Regelmäßig hat sie gebügelt und die Küche sowie den Wohnbereich in Ordnung gehalten.

Frau Goldener war absolut zuverlässig und vertrauenswürdig. Sie war stets pünktlich um 7:30 Uhr bei uns und ist nie durch Krankheit oder aus anderen Gründen ausgefallen.

Es tut uns sehr leid, dass wir Frau Goldener nicht länger beschäftigen können, aber unser Ältester ist inzwischen auf einer weiterführenden Schule und unsere Kleine ist in der betreuten Grundschule.

Wir können Frau Goldener nur viel Glück für ihre Zukunft wünschen.

Köln, den 6. Juli 2009

_______________________ *[Unterschriften]*

☺ TUN

Empfehlungsschreiben sollten den Namen des Beurteilten enthalten und freundlich sowie sehr positiv ausfallen. Eine Begründung, warum Sie in Zukunft auf die Dienste dieses fähigen Menschen verzichten (müssen), hilft sicher zusätzlich, dessen Position bei einem möglichen neuen Arbeitgeber zu stärken.

Entschuldigung

Wenn Fehler passiert sind, liegt eine Entschuldigung an. Was viele zum Seufzen veranlasst, kann eine Chance für das Unternehmen sein, wenn – ja wenn – Sie kundenorientiert an diese Aufgabe herangehen.

BRENNSITUATION

Ein Kunde reklamiert, dass die gelieferten Handtücher nicht die bestellten sind. Unsere erste Reaktion: die panische Frage, habe ich einen Fehler gemacht? Dann vielleicht Erleichterung. Nein, ich habe die Bestellung korrekt weitergegeben. Das teilen wir dem Kunden auch mit, damit er weiß, dass er sich auf uns verlassen kann.

✓ TIPP

Haben Sie den Kunden am Telefon, geben Sie ihm die Zeit, die er braucht, um sich seinen Kummer, seine Empörung, seine negativen Gefühle von der Seele zu reden. Unterbrechen Sie ihn nicht – auch wenn's schwer fällt und Sie sich persönlich im Recht wissen. Signalisieren Sie ihm, dass Sie ihn ernst nehmen und seine Reklamation wichtig ist.

☹ LASSEN

Ganz falsch! Dem Kunden ist es vollkommen egal, wo der Fehler liegt. Er sieht das Gesamtunternehmen als unzuverlässig an. Er will schnelle Hilfe und Genugtuung, die ihm unsere Entschuldigung verschaffen soll.

Ich kann Sie gut verstehen, Herr Miebach, das ist aber auch ärgerlich!

! WICHTIG

Machen Sie in solchen Krisensituationen die Perspektive des Kunden zu Ihrer eigenen, versetzen Sie sich in seine Rolle. Dann werden Sie schnell erkennen, worauf er wartet und wie Sie ihm helfen können. In einigen Unternehmen mit besonders starker Kundenorientierung sind alle Reklamationen grundsätzlich Chefsache. Damit wird erreicht, dass ein Kunde „auf Absprung“ möglicherweise zurückgewonnen und noch enger an das Unternehmen gebunden werden kann.

✓ **TIPP**

Erst wenn der verärgerte Kunde bereit ist, Ihnen zuzuhören, sollten Sie mit Ihrer Entschuldigung kommen, und zwar grundsätzlich, auch wenn Sie sicher sind, dass der Kunde selbst den Fehler verursacht hat. Er hat sich geärgert, und ihm tut es gut, wenn Sie ihn bedauern.

☹ **LASSEN**

Aber seien Sie am Telefon vorsichtig mit Schuldeingeständnissen. Als Entschuldigung reicht oft schon ein „Es tut mir wirklich sehr leid, dass Sie sich ärgern mussten!“, besonders dann, wenn Sie einen Lösungsvorschlag direkt anhängen:
Hilft es Ihnen, wenn wir noch heute die richtigen Artikel rausschicken?

→ auch: Kundenorientierung, Reklamation, Telefon

Erinnerung

Erinnerungen sind etwas netter formuliert das, was früher streng „Mahnung“ hieß. Und so wie der Begriff sollte auch das Schreiben selbst kundenfreundlicher werden.

✓ **TIPP**

Mit etwas Humor erreichen wir häufig mehr:

Mahnung

Sehr geehrte Frau Meierbär,

kann es sein, dass die Post wieder einmal getrödelt oder die Bank eine Überweisung übersehen hat? Das muss wohl so sein, denn der Betrag von 460 Euro aus unserer Rechnung vom 24. Oktober 2008 ist immer noch offen. Bitte überweisen Sie ihn rasch.

Vielen Dank schon jetzt und freundliche Grüße

☹ **LASSEN**

Es ist nicht mehr zeitgemäß, dem Kunden plump nach Wildwestmanier zu drohen, selbst wenn man schon drei Erinnerungen abgeschickt hat. Der Betreff „Vierte und allerletzte Mahnung vor dem gerichtlichen Mahnbescheid" ist nicht mehr üblich. Und auch ein oberlehrerhafter, herablassender Verweis wie „Es ist Ihrer Aufmerksamkeit offenbar entgangen, dass ..." ist unangebracht.

Und wenn es doch einmal nicht ohne die Androhung rechtlicher Konsequenzen geht, dann „erinnern" wir den säumigen Zahler am besten rein sachlich, ohne erhobenen Zeigefinger und ohne persönlich zu werden:

Mahnung („zweiten Grades“)

Sehr geehrter Herr Schiffer,

am 13. Oktober, am 5. November und am 10. Dezember 2007 haben wir Sie an den noch offenen Betrag von 350 Euro (Rechnung Nr. 6053 vom 15. September 2007) erinnert.

Sollten wir am 15. Januar 2008 noch immer nicht über den Betrag verfügen können, leiten wir rechtliche Schritte ein. Wir hoffen jedoch, dass es so weit nicht kommt.

Mit freundlichen Grüßen

Auch wenn es schwer fällt, sollten Sie auf freundliche Grüße nicht verzichten. Wer heute noch „Hochachtungsvoll“ grüßt, erntet höchstens Spott oder setzt sich dem Verdacht aus, nicht ganz nüchtern gewesen zu sein.

→ auch: Kundenorientierung

Erster Satz

Der erste Satz in einem Geschäftsbrief sollte – ebenso wie in einer Geschichte oder einem Zeitungsartikel – Interesse wecken, neugierig auf den Rest machen oder zumindest etwas Relevantes mitteilen. Das gilt nicht nur für Werbebriefe und das Anschreiben bei Bewerbungen, sondern auch für jeden anderen Brief. Schließlich wollen wir ja nicht Zeit und Geduld des Empfängers verschwenden und auf die Probe stellen!

☹ **LASSEN**

- Wiederholen Sie nicht Informationen, die bereits im Betreff, im Informationsblock oder im Anschriftenfeld stehen.
- Stellen Sie nicht Selbstverständliches fest („hiermit bewerbe ich mich ...“).
- Beginnen Sie nicht mit einer Floskel („Bezug nehmend auf ...“).

Keine Regel ohne Ausnahme: Wenn Sie sich auf ein sehr lange zurückliegendes Telefonat oder einen Brief beziehen, dem in einem komplexen Vorgang inzwischen weitere gefolgt sind, kann es durchaus sinnvoll sein, kurz den Bezugspunkt deutlich zu machen und den Stand der Dinge zusammenzufassen.

Wer einen Werbebrief oder eine Bewerbung schreibt, sollte schon im ersten Satz etwas Besonderes bieten. Hier einige Anregungen:

☺ **TUN**

- Beginnen Sie mit einer Frage, in der idealerweise eine Lösung für ein Problem des Empfängers angerissen wird („Suchen Sie ein pfiffiges, aber trotzdem preiswertes Weihnachtsgeschenk für Ihre Kunden?").
- Stellen Sie nicht sich, sondern den Empfänger in den Vordergrund („Sie suchen ...").
- Beziehen Sie Informationen über den Empfänger (bei einer Bewerbun über das Unternehmen) mit ein („Sie sind Marktführer auf dem Gebiet Hamsterkäfige. Als/Durch ... möchte ich gerne mithelfen ...").

→ auch: Fragen

Etiketten

Besonders bei Großaktionen wie Werbekampagnen oder regelmäßig zu versendenden Zeitschriften sind Adressetiketten ein wichtiges Hilfsmittel. Bei eher persönlichen „Großveranstaltungen" wie Einladungen sind solche Aufkleber allerdings verpönt.

Fachsprache

Fachsprachliche Ausdrücke und Abkürzungen helfen, Zeit und Formulierungsaufwand zu sparen, wenn man sich zwischen Fachleuten verständigt. Manche fachsprachlichen

Wörter und Wendungen gehen auch in den allgemeinen Sprachgebrauch über, zum Beispiel „schwarzes Loch", „genetischer Fingerabdruck", „Phantombild", „freie Radikale". Aber die meisten sind und bleiben nur Fachleuten verständlich.

VORSICHT

Seien Sie vorsichtig bei der Verwendung von Fachausdrücken, wenn Sie mit „Nicht-Insidern" kommunizieren! Umschreiben Sie das Gemeinte, oder geben Sie zumindest bei der ersten Erwähnung eine einfache Erklärung. Generell sollten Sie fachsprachliche Ausdrücke, die Ihr Gegenüber vermutlich nicht kennt, sparsam verwenden – manche Menschen reagieren empfindlich, wenn sie den Verdacht haben, dass man ihnen ihre Unkenntnis vorhalten will oder sie von oben herab behandelt!

Fax

Das Telefax gehört zu den neueren Medien, ist jedoch seit dem Siegeszug der E-Mail schon wieder auf dem Rückmarsch. Da es aber so schnell wie ein Telefonat ist und trotzdem Beweiskraft hat, weil die Nachricht schriftlich kommt, sind Faxgeräte zurzeit aus dem Geschäftsalltag noch nicht wegzudenken. Es wird von vielen Unternehmen für Anfragen, Angebote, Bestellungen und einen Teil der „normalen" Korrespondenz genutzt.

→ auch: Auswahl des Mediums, Brief, Kommunikationstempo, Telefon

Firma

Die Bezeichnung „Firma" oder „Fa." taucht heute in Anschriften fast gar nicht mehr auf, weil meistens durch den Namen oder die angehängte Abkürzung der Gesellschaftsform deutlich ist, dass es sich nicht um eine Person handelt. Nur dort, wo das nicht erkennbar ist, sollten Sie noch „Firma" schreiben, zum Beispiel „Firma Dieter Bottgen".

Flattersatz

→ Blocksatz

Floskeln

Floskeln sind in gewissem Maße ein sinnvoller Bestandteil der Geschäftskorrespondenz – wir nennen sie allerdings „Formeln": Grußformel, formelhafte Anrede … Natürlich kann man auch dort Neues wagen – indem man beispielsweise die Anrede in den Betreff einbindet:

Vielleicht erinnern Sie sich,

liebe Frau Petermann,

wir haben uns vor zwei Wochen auf der Frisuren-Messe „Haar scharf" getroffen.

oder den Gruß individuell gestaltet:

Ich grüße Sie herzlich aus dem regengeplagten Hannover

Alle anderen Floskeln sollten Sie allerdings durch frische, nicht bedeutungsleere Wörter und Wendungen ersetzen.

✓ TIPP

Die meisten Floskeln kann man sogar ersatzlos streichen! So kommt man leicht ohne Floskeln aus wie

- Bezug nehmend auf
- in Bezug auf
- hiermit

wenn man nicht überflüssigerweise die Informationen aus dem Betreff wiederholt.

→ auch: Grußformel, Moderner Briefstil, Papierdeutsch

Folgeseiten

Wenn Briefe aus mehreren Seiten bestehen, kann es sinnvoll sein, darauf hinzuweisen, damit nichts übersehen wird (DIN 5008, S. 28). Dazu setzen Sie nach einer Leerzeile unten rechts auf die erste Seite drei Punkte.

Formular

Formulare sind vorgefertigte Blätter mit Leitfragen oder -wörtern, die man nur noch durch passende Informationen ergänzen muss (zum Beispiel Steuererklärungen oder Personalbögen). Formulare haben gegenüber anderen Schriftstücken den großen Vorteil, dass sie sich sehr gut vergleichen lassen. Deshalb sind sie besonders geeignet, um immer wiederkehrende Vorgänge zu erfassen.

✓ TIPP

Sichten Sie doch einmal Ihren Büroalltag unter dem Aspekt, sich wiederholende Aufgaben (Bestellungen Büromaterial, Anruflisten, Auswertung Vorstellungsgespräche usw.), durch ein Formular zu effektivieren. Entwickeln Sie mit den Hilfsmitteln Ihres Textverarbeitungsprogramms Formulare für Ihren individuellen Bedarf.

Foto

Das Foto für Bewerbungsunterlagen sollte vom Fachmann oder von einer Fachfrau gemacht sein. Wenn Sie die Zeit haben, nutzen Sie Ihr erholtes, ausgeglichenes Aussehen nach einem gelungenen Urlaub für den Besuch beim Fotografen. Allerdings sollten Sie nicht auf die Idee verfallen, direkt ein Urlaubsfoto zu benutzen, vielleicht sogar in Strandkleidung mit Badelatschen.

Kleiden Sie sich für das Bewerbungsfoto der Stelle angemessen. Im Zweifelsfall sind ein helles Hemd/eine helle Bluse und ein Blazer/Jackett nicht verkehrt. Farbfotos wirken freundlicher als schwarz-weiße. Sagen Sie dem Fachmann, wofür Sie das Bild brauchen, dann müssen Sie nicht zwanghaft ein Ohr entblößen und er achtet auf einen besonders vorteilhaften Gesichtsausdruck.

✓ TIPP

Die Größe des Bewerbungsfotos muss nicht zwingend Passbildformat sein, obwohl es nicht viel größer werden sollte. Aber ein ungewöhnliches Format kann ein wirklicher „Hingucker" sein, etwa ein quadratisches Bild auf dem Deckblatt.

Es gibt keine Vorschriften, wo das Foto zu kleben hat. Das Deckblatt kann ein guter Platz sein, aber auch der Lebenslauf. Bitte benutzen Sie keinen Hefter oder Büroklammern, sondern kleben Sie das Foto ein, nachdem Sie es mit Bleistift mit Ihrem Name versehen haben (Bleistift verwischt nicht durch den Kleber und drückt sich nicht durch wie Kugelschreiber).

→ auch: Bewerbung

Fragen

In Geschäftsbriefen reiht sich normalerweise Aussagesatz an Aussagesatz. Wer frischen Wind hineinbringen möchte, hat aber auch noch andere Möglichkeiten, zum Beispiel den Einsatz von Fragen.

Fragen bringen Abwechslung und dementsprechend erhöhte Aufmerksamkeit, sie lockern einen Brief auf, sprechen den Empfänger unmittelbar an und bringen ein – wenn auch simuliertes – interaktives Element in die Kommunikation. Einige Beispiele aus verschiedenen Briefsorten:

- Was kann ich Ihnen bieten? (Bewerbung; Angebot)
- Wann können wir uns einmal persönlich unterhalten? (Bewerbung)
- Rufen Sie mich an? (dringende Anfrage; Bewerbung; Werbebrief)
- Können Sie mir schnell helfen? (Reklamation; Anfrage)
- Können Sie bis zum ... liefern? (Anfrage)

Stellen Sie außerdem nur Fragen, die den Empfänger tatsächlich interessieren könnten! Die sicherste Methode, wie man erreicht, dass beispielsweise ein Werbebrief nach dem ersten Satz in den Müll wandert, ist, eine Frage zu stellen, deren Antwort für den Leser, die Leserin keinerlei Relevanz hat. Zum Beispiel:

- Denken Sie oft, dass Ihr Sekretariat effektiver arbeiten könnte? (an eine allein arbeitende Freiberuflerin)
- Ist Ihr Hund in der heißen Jahreszeit oft müde und abgespannt? (an einen Katzenbesitzer)
- Träumen Sie manchmal davon, Paragliding zu lernen? (an einen 78-Jährigen oder auch an einen jungen Sporthasser)

☹ LASSEN

Da Fragen besonders auffallen, sollten Sie Ihre Briefe aber auf keinen Fall damit überfrachten, sondern dieses Mittel sparsam einsetzen.

Auch wenn die angeschriebene Person zur Zielgruppe Ihres Produkts gehört, können Sie sie auf diese Weise verfehlen. Die allein arbeitende Freiberuflerin mag zwar kein Sekretariat haben, aber eine neue Terminplanungssoftware zum Beispiel kann für sie trotzdem interessant sein, da sie sich als ihre eigene Sekretärin natürlich auch um die Terminplanung kümmern muss. Mit der obigen Frage wird aber schon zu Beginn des Briefes verhindert, dass die Freiberuflerin weiterliest …

→ auch: Erster Satz, Textdramaturgie

Fremdwörter

Nicht erst seit der Rechtschreibreform kommt man für die Schreibung, die Genitiv- und Pluralbildung und manchmal auch für die richtige Anwendung von Fremdwörtern kaum ohne Fremdwörterlexikon aus.

Fremdwörter, die nicht Bestandteil unserer Alltagssprache sind, sollten Sie in Geschäftsbriefen nur in Ausnahmefällen verwenden:

- wenn Sie sicher sein können, dass Ihr Kommunikationspartner das Fremdwort kennt
- wenn das Fremdwort den Sachverhalt am genauesten trifft (dann im Zweifel einmal erklären!)
- wenn Sie absichtlich einen Stolperstein als Aufmerksamkeitswecker einfügen wollen, um den Empfänger neugierig zu machen (zum Beispiel: „Möchten Sie wissen, wie ein Transmodifrektor Ihnen die Hausarbeit erleichtern kann?“)

→ auch: Fachsprache

Fristen

Fristen sind für bestimmte Vorgänge vom Gesetzgeber vorgeschriebene Zeiträume, die eingehalten werden müssen. Sie sind in Gesetzen oder Vorschriften festgeschrieben: Mutterschutzfristen, Kündigungsfristen, Einspruch, Widerspruch usw.

Füllwörter

Füllwörter füllen einen Text, sie blähen ihn auf, oft ohne Inhalte zu transportieren. Sie sind sprachliches Imponiergehabe und dienen dazu, den Korrespondenzpartner zu beeindrucken oder einzuschüchtern. Füllwörter lassen sich durch treffendere Formulierungen ersetzen oder ersatzlos streichen.

Füllwort	**besser**
diesbezüglich	*weglassen* oder deshalb
gegebenenfalls	*weglassen oder konkret sein*
gewissermaßen	*weglassen*
nunmehr	jetzt
quasi	*weglassen*
mithin	damit

→ auch: Floskeln, Papierdeutsch

Gedankenstrich

Kreativität macht auch vor der Zeichensetzung nicht Halt. Der Gedankenstrich gehört ebenso wie das Semikolon, der Doppelpunkt und die Klammern zu den oftmals vernachlässigten Satzzeichen. Dabei kann er beispielsweise die Spannung in einem Satz erhöhen:

Entschuldigen Sie, dass ich Ihnen erst jetzt antworten kann, aber vor zwei Wochen ist bei uns etwas Unerwartetes geschehen – unser Geschäftsführer, Herr Wachtel, ist verstorben.

Oder einen Satz übersichtlicher gestalten:

Wir interessieren uns für Ihre Hundespielzeuge – die Schokoleine, den Opernmantel und den Ohrenkitzler –, weil wir soeben eine Hundepension eröffnet haben, die einen neuen Komfortstandard setzen soll.

! WICHTIG

Das Komma steht nach dem Gedankenstrich (niemals davor!), und zwar dann, wenn es auch ohne den Einschub stehen müsste – wie im Hunde-Beispiel oben. Frage- und Ausrufezeichen, die zum Einschub gehören, stehen hingegen vor dem zweiten Gedankenstrich:
Ich habe ihn – können Sie sich das vorstellen? – in einem Miederwarengeschäft getroffen.

Gestaltung

Für die Gestaltung in der Textverarbeitung ist die DIN-Vorschrift 5008 maßgeblich. Daneben gibt es die üblichen Hervorhebungen wie Fett- oder Kursivsatz, Flatter- oder Blocksatz. Das mag für die „normale“ Geschäftskorrespondenz ausreichend sein – für private Schreiben können wir alle anderen Gestaltungsmöglichkeiten nutzen. Und davon gibt es viele.

Denken wir nur an die unterschiedlichen Grafikprogramme, die Druckprogramme für Visitenkarten und alle nur vorstellbaren Anlässe. Ihrer Kreativität sind keine Grenzen gesetzt, es sei denn durch Ihr Computerzubehör.

→ auch: Hervorhebungen, Kreativität, Schrift

Getrennt- und Zusammenschreibung

Alle neuen Regeln zur Getrennt- und Zusammenschreibung können wir hier nicht aufführen – sie sind einfach zu umfangreich. Aber wenn man einige zugrunde liegende Prinzipien der Neuregelung kennt, ist man für die meisten Fälle schon gewappnet.

Das wichtigste Prinzip: „Im Zweifel schreibt man getrennt." Deshalb wird vor allem die Zusammenschreibung extra geregelt. Hier nun die wichtigsten Regeln.

Die meisten Fügungen aus Verb + Verb, Partizip + Verb und Substantiv + Verb werden getrennt geschrieben:

- spazieren gehen (Verb + Verb)
- verloren gehen (Partizip + Verb)
- Rad fahren (Substantiv + Verb)

Die wichtigsten Ausnahmen dazu:

- „kennen lernen/kennenlernen" darf man auf beide Weisen schreiben.
- Verben mit Partikeln wie „auseinander, quer, vorwärts, draußen, übereinander" schreibt man zusammen, wenn die Partikeln den Hauptakzent tragen („auseinander setzen"). Verben mit „weiter" darf man zusammen oder getrennt schreiben („weiterfahren").
- Verben mit Partikeln, die nicht mehr frei als Wörter vorkommen, werden ebenfalls zusammengeschrieben („vorliebnehmen").
- Verbindungen aus Adjektiv + Verb und solche mit „bieten" oder „lassen" als zweitem Bestandteil, die eine neue übertragene Bedeutung haben, schreibt man zusammen („falschspielen, naheliegen"). Im Zweifel kann man getrennt oder zusammen schreiben.
- Verbindungen aus Adjektiv + Verb kann man zusammen oder getrennt schreiben, wenn das Adjektiv das Resultat einer Tätigkeit beschreibt („klein schneiden/kleinschneiden").
- Verben mit „fest, voll, tot" werden immer zusammengeschrieben („totschlagen").
- Verbindungen aus Substantiv + Verb schreibt man meist getrennt – nicht aber „eislaufen, kopfstehen, nottun, leidtun". In manchen Fällen ist auch beides möglich („achtgeben/Acht geben, Maß halten/maßhalten").

Weitere wichtige Getrenntschreibungen:

- „so, wie“ + Adjektiv, Adverb oder Pronomen („wie viel“)
- Verbindungen mit „sein“ („da sein, dabei sein“)
- X + Partizip, wenn X gesteigert oder erweitert werden kann („leicht erregbar“)

Neuerdings zusammengeschrieben werden hingegen:

- „stattdessen“, „umso“
- alle Verbindungen mit „irgend-“ (also auch: „irgendetwas“)

Insgesamt gibt es mehr Wahlmöglichkeiten als früher, zum Beispiel bei den Schreibungen mit Bindestrich und Wendungen wie „anstelle von – an Stelle von“, „infrage stellen – in Frage stellen“.

→ auch: Bindestrich, Groß- und Kleinschreibung

Gliederung

Eine Gliederung ist bei größeren Textmengen schon im Vorfeld dringend nötig, um die Informationsfülle in den Griff zu bekommen. Dem Leser oder der Leserin erleichtert sie später die Orientierung im Text. Grob unterteilt besteht jede Gliederung aus Einleitung, Hauptteil und Schluss.

Auch im Geschäftsbrief ist eine klare Gliederung hilfreich für beide Seiten:

- Die Einleitung ist der erste Satz. Hier wird der erste Kontakt zum Kommunikationspartner hergestellt. Sie hat Türöffnerfunktion.
- In den Hauptteil gehört das Anliegen des Briefes, und zwar logisch gegliedert, einem roten Faden folgend und nicht einfach wirr, so wie es uns gerade einfällt. Empfängerorientierung findet auch hier statt. Je nach Umfang des Textes sollte ein Fazit gezogen oder eine Handlungsanweisung gegeben werden.
- Der Schluss ist der letzte Eindruck, der dem Gegenüber im Gedächtnis haften bleibt. Das sollte man berücksichtigen. Hier kann man sich freundlich oder versöhnlich zeigen, wenn man vorher sehr bestimmt war.
- Der Gruß darf ruhig von den üblichen Floskeln abweichen.

→ auch: Empfängerorientierung, Erster Satz, Gruß, Grußformel, Letzter Satz, Roter Faden, Textdramaturgie

Glückwunsch

Zu den eher erfreulichen Briefanlässen gehören die Glückwünsche, weil der Briefempfänger, die -empfängerin ohnehin schon Grund zur Freude hat. Allerdings ist es deshalb auch nicht ganz einfach, etwas Originelles zu verfassen, das den eigenen Glückwunsch aus der Masse heraushebt.

Natürlich können Sie auf vorgedruckte Karten in den unterschiedlichsten Qualitäten und Preislagen zurückgreifen. Die Gefahr, dass exakt diese Vorlage aber auch von anderen genutzt wurde, besonders wenn sie hervorragend zum Anlass und zur Person zu passen scheint, ist allerdings ziemlich groß. Kreativität ist also gefragt.

✓ TIPP

Nutzen Sie die zahlreichen vorhandenen Sammlungen an Bildern, Grafiken, Fotos, Sprüchen und Zitaten, richten Sie Ihre eigene Sammlung ein, und erweitern Sie sie ständig um Politikersprüche, Zitate aus Romanen usw. Experimentieren Sie mit dem Ablagesystem: alphabetisch, nach Anlässen oder Anfangsbuchstaben? Als Zettelkasten oder als Datenbank im PC? Mit der Zeit werden Sie über einen stattlichen Fundus verfügen und zu allen Anlässen aus individuellen Ideen schöpfen können.

So werden Ihnen auch zum Beispiel Glückwünsche zur Hochzeit gelingen, die anders als das Übliche sind:

Glückwünsche zur Hochzeit

I'll always be right there
I swear to you – I will always be there for you –
there's nothing I won't do
I promise you all my life I will live for you – we will make it through
forever we will be together – you and me –
and when I hold you – nothing can compare
with all of my heart – you know I will always be right there.

Liebe Claudia, lieber Malte,

Ihr beide mögt Bryan Adams, schließlich waren wir erst vor ein paar Monaten zusammen auf seinem Konzert. Diese Strophe ist mir ganz besonders im Gedächtnis hängen geblieben, weil sie so gut zu euch passt.

Ich wünsche euch viel Glück und dass alle eure Wünsche für die gemeinsame Zukunft in Erfüllung gehen.

Ganz herzliche Grüße

Eure Petra

Dieser Brief kann noch persönlicher gestalten werden, wenn Sie grafische Elemente einbauen: Zum Beispiel könnte man ein Foto oder die dazugehörige Konzert-Eintrittskarte (wenn sie hübsch ist) einscannen und in den Text montieren.

☺ **TUN**

Lassen Sie sich etwas einfallen, nutzen Sie dafür alle Möglichkeiten, wie abwegig sie auch zuerst erscheinen mögen. Sammeln Sie Ideen, gestalterische und inhaltliche. Ergänzen Sie, erweitern und überarbeiten Sie Ihre Sammlung. Viele Arbeitstechniken wie Clustering, Mind-Mapping oder Brainstorming stehen dazu zur Verfügung.

→ auch: Briefanfang, Einleitung, Erster Satz, Gestaltung, Gruß, Kreativität, Letzter Satz, Textdramaturgie

Groß- und Kleinschreibung

Neben der Getrennt- und Zusammenschreibung ist die Groß- und Kleinschreibung der zweitgrößte Bereich, was die Änderungen durch die Rechtschreibreform angeht. Daher hier nicht alle, aber die wichtigsten Regeln.

Großgeschrieben werden zum Beispiel:

- substantivisch gebrauchte Wörter, auch in festen Wortgruppen („und Ähnliches", „im Übrigen", „im Dunkeln tappen", „die Einzige", „der Einzelne", „im Nachhinein", „als Letzte", „in Bezug auf")
- Adjektive in Paarformeln („Alt und Jung")
- Tageszeiten nach den Adverbien „(vor)gestern", „heute", „(über)morgen" („gestern Abend")

Kleingeschrieben werden vor allem:

- nach wie vor die Zahladjektive „viel“, „wenig“, „ein“, „ander“ in allen ihren Formen („die anderen“, „viele“)

Auch bei der Groß- und Kleinschreibung gibt es nun zahlreiche Wahlmöglichkeiten, vor allem:

- bei festen Begriffen („blauer/Blauer Brief“)
- beim Duzen in Briefen („Hast du/Du das Paket bekommen?“) – in anderen Texten werden „du, ihr, dein“ etc. aber immer klein geschrieben
- bei einigen festen Verbindungen aus Präposition und dekliniertem Adjektiv ohne vorausgehenden Artikel („seit längerem/Längerem“, „bis auf weiteres/Weiteres“)

→ auch: Bindestrich, Getrennt- und Zusammenschreibung

Gruß

Mit Gruß ist hier nicht die Grußformel gemeint, sondern der Gruß als Briefinhalt, etwa der Urlaubsgruß oder der zum Jahreswechsel. Grüße sind – ähnlich wie Glückwünsche – positive und freiwillige Mitteilungen, die eher unter die Kategorie „Luxus“ fallen.

✓ TIPP

Bei besonders abgegriffenen Anlässen wie Weihnachten kann man auch mit extrem abweichenden Grüßen Erfolg haben: etwa wenn man dem Weihnachtsmann eine Badehose anzieht oder indem man die Grußkampagne an Geschäftsfreunde einfach in den Sommer verlegt und zum Jahreswechsel nur einen kurzen Hinweis verschickt:

Dieses Jahr machen wir den Weihnachtsrummel mal nicht mit, dafür dürfen Sie aber Mitte nächsten Jahres mit unseren Grüßen rechnen. Bis dahin alles Gute und beste Nerven für die bevorstehenden Feiertage, das wünscht Ihnen Ihr Terkola-Team

Der aufmerksame Leser und natürlich auch die Leserin haben sofort gemerkt, dass dies im Grunde doch ein Weihnachtsgruß ist, nur eben ein verkleideter. Er wird sich einprägen, weil er aus dem Rahmen fällt. Allerdings sollten nur Unternehmen solche „Schockeffekte“ nutzen, die es sich auch vom Image her leisten können (vorstellbar zum Beispiel bei „Kreativen“, nicht beim hanseatischen Reeder).

LASSEN

Trotzdem sollten sie keine Pflichtübung sein. Wenn Sie keine Lust haben, lassen Sie es lieber ganz, denn sonst wirken Ihre Grüße gezwungen oder verkrampft und verfehlen das Ziel, denn das lautet: Freude und Frohsinn verbreiten.

TUN

Grüße zu Weihnachten oder zum Jahreswechsel lassen sich gestalten wie Glückwünsche, denn um solche handelt es sich schließlich. Hier kann man schöne Effekte erzielen, wenn man winterliche Fotos mit verarbeitet und passende Texte findet.

→ auch: Gestaltung, Glückwunsch, Kreativität, Weihnachtsgruß

Grußformel

Die heute gebräuchlichsten Formeln sind:

- Mit freundlichem Gruß
- Mit freundlichen Grüßen
- Freundliche Grüße

und für engere Beziehungen beispielsweise:

- Herzliche Grüße
- Viele Grüße

✓ TIPP

Mit ein bisschen Kreativität kann man die üblichen Formeln leicht einmal abwandeln – je nach Situation, Beziehung, Jahreszeit, Standort ... Das bringt frischen Wind und eine persönliche Note in den Gruß. Dabei müssen Sie nicht unbedingt von sich selbst ausgehen, sondern können auch den Empfänger, die Empfängerin in den Mittelpunkt stellen.

Einige Beispiele für beide Perspektiven:

- Freundliche Grüße aus dem schneebedeckten Bonn
- Mit freundlichen Grüßen aus der Karnevalshochburg Köln
- Herzliche Grüße aus dem Umzugsdurcheinander
- Freundliche Grüße ins zurzeit so sonnenverwöhnte Potsdam
- Viele Grüße an die frischgebackene Frau Dr. med.

☹ LASSEN

Verzichten Sie – auch bei besonders „honorigen" Adressatinnen und Adressaten – auf antiquierte Formeln wie „Hochachtungsvoll" oder „Mit vorzüglicher Hochachtung". So ein Gruß wird heute leicht als ironisch oder regelrecht unverschämt betrachtet! „Verbleiben" Sie auch nicht mehr – mit welchen Grüßen auch immer.

Hauptteil

→ Gliederung

Hervorhebungen

Den Betreff und das Wort „Anlagen“ können Sie im Geschäftsbrief fett drucken; das sieht die DIN 5008 als Möglichkeit vor.

✗ VORSICHT

Seien Sie ansonsten sparsam mit Hervorhebungen! Schnell wird ein Text unübersichtlich oder wirkt überfrachtet, vor allem, wenn viele verschiedene Hervorhebungen (fett, kursiv, unterstrichen, Anführungszeichen) verwendet werden. Und wenn dann noch verschiedene Schriften und Schriftgrößen hinzu kommen ... Einen Grundsatz sollten Sie in jedem Fall berücksichtigen: Verwenden Sie nicht mehrere Hervorhebungen „auf einmal“!

→ auch: Betreff, Anlagenvermerk

Informationsblock

Im Informationsblock im Brief finden wir die Informationen, die sonst unter der Bezugzeichenzeile eingegeben werden. Wenn auf dem Briefbogen keine Leitwörterzeile vorgegeben ist, können Sie den Informationsblock rechts

neben das Anschriftenfeld setzen, und zwar beginnend mit dessen erster Zeile.
Die DIN 5008 schreibt vor, dass bei den Leitwörtern „Ihr Zeichen“, „Ihre Nachricht vom“, „Unser Zeichen“, „Unsere Nachricht vom“, „Name“, „Telefon“, „Telefax“, „Telex“, „T-Online“, „Telebox“ und „Datum“ diese Reihenfolge einzuhalten ist. Zwischen den Bezugzeichen und dem Leitwort „Name“ sowie den Durchwahlmöglichkeiten und dem Leitwort „Datum“ ist je eine Leerzeile vorgesehen.

Internet

Das Thema Internet füllt unzählige Bücher, deshalb scheint es fast unmöglich, hier alle Möglichkeiten darzustellen. Wir können nur auf die umfassende Literatur hinweisen und versuchen, Ihnen wenigstens ansatzweise zu vermitteln, was dieses Medium kann.

Das Internet, auch „World Wide Web“ (WWW) genannt, bietet vielfältige Möglichkeiten der Kommunikation und der Information, und das online, also direkt wie beim Telefon, aber auch offline, vergleichbar dem Fax (E-Mail). Man kann sich eine eigene Internetseite einrichten, auf der man sich oder sein Unternehmen vorstellt.

Außerdem kann man sich per Tastendruck teilweise kostenlos Programme auf den eigenen Rechner runterladen

(„downloaden“) und in unzähligen Datenbanken in der ganzen Welt recherchieren. Man kann sich direkt bei der NASA die neuesten Informationen zu laufenden Weltraumprojekten abholen oder die neueste CD seines Lieblingsstars anhören. Ausschnitte aus Kinofilmen finden sich hier ebenso wie aktuelle Zeitungsartikel. Es gibt Suchmaschinen, die uns helfen, genau das zu finden, was wir brauchen.

Für „Newbies“, die Neueinsteiger, ist das Internet zunächst oft sehr verwirrend. Jeder Provider – das sind die Firmen, über die man den Internetzugang bekommt (AOL, T-Online, aber auch viele kleinere, die teilweise zielgruppenspezifische Vorteile bieten) –, jeder Provider bietet einen Startbildschirm, auf dem schon sehr viel los ist. Hier kann man anfangen zu „surfen“, indem man auf ein Feld (von vielen) klickt, zu dem man weitere Infos wünscht. Der nächste Bildschirm wird wieder ein breites Angebot machen, und so kann man sich von „Link“ (Verbindung) zu Link vorarbeiten.

> ✗ **VORSICHT**
> Es sollen schon Leute im Internet verschwunden sein. Nein, im Ernst, die Fülle an Informationen verleitet dazu, die Zeit zu vergessen. Das führt mitunter bei der ersten Abrechnung des Providers zu einem bösen Erwachen.

Mit der Zeit werden Sie herausfinden, wofür sie das Internet am besten nutzen können: ob zur gezielten professionellen Nutzung (Recherche ohne Grafikeinbindungen – wegen der größeren Geschwindigkeit – und E-Mail) oder zum Surfen als Freizeitvergnügen, um nur die Extreme zu nennen.

Voraussetzungen für die Nutzung des Internets: ein leistungsfähiger PC mit LAN-/WLAN-Karte und ein Router, den man oft vom Internet-Anbieter gestellt bekommt, sowie ein Telefon-, ISDN- oder DSL-Anschluss.

→ auch: E-Mail, Software

Klage

Eine klassische Brennsituation ist eine, die so verfahren ist, dass eine Partei glaubt, klagen zu müssen. Es gibt die verschiedensten Konstellationen: Arbeitgeber/Arbeitnehmer, Mieter/Vermieter, Handwerker/Kunde und viele mehr.

Und umgekehrt wird natürlich auch geklagt. Das Sicherste ist immer, die Angelegenheit einem Anwalt zu übergeben.

! WICHTIG

Der andere will nicht der Verlierer sein, was sich gut nachvollziehen lässt, wenn wir uns in seine Position hinein versetzen. Also müssen wir ihm die Chance geben, sein „Gesicht zu wahren". Dazu sind drei Dinge nötig:

1. Wir müssen Rechtssicherheit haben, um unsere Haltung untermauern zu können.
2. Wir dürfen offiziell keinen Anwalt einschalten, weil damit der weitere Ablauf vorprogrammiert wäre.
3. Wir müssen klar und deutlich, dabei aber so neutral formulieren, dass der andere ohne allzu großen Gesichtsverlust einlenken kann.

Klageandrohung gegen einen Makler

Herabsetzung Ihrer Vermittlerprovison

Mein Brief vom 17. September 2008
Ihre Antwort vom 26. September 2008

Sehr geehrter Herr Gürtler,

Ihren Brief habe ich gestern bekommen, vielen Dank. Allerdings kann ich Ihnen nicht zustimmen.

Sie haben zwar Recht, dass Sie mir die Mietwohnung auf der Basis einer Monatsmiete in Höhe von 700 Euro vermittelt und dies als Grundlage für Ihre Provision genommen haben.

Dieser Mietpreis war aber stark überhöht, und der Vermieter und ich haben uns auf eine angemessene Miete von 600 Euro geeinigt. Diese Änderung ist auch bei der Bemessung der Maklerprovision zu berücksichtigen. So sehen es auch die Richter des Amtsgerichts Hamburg, Aktenzeichen 12 C 182/98.

Bitte überweisen Sie mir die zu viel gezahlten 100 Euro auf mein Konto Nr. 5555000 bei der SparBa, BLZ 305 506 32.

Vielen Dank schon jetzt und freundliche Grüße

✗ VORSICHT

Mitunter versucht man aber auch, mit einer Klageandrohung als letztes Mittel ein Einlenken der anderen Partei zu erreichen – „Erzwingen“ wäre hier der falsche Begriff, denn der andere will schließlich nicht „klein beigeben“. Oft ist die Klage aber das Letzte, was man selbst tatsächlich anstrebt.

! WICHTIG

Das Schreiben ist deutlich in der Aussage („nicht zustimmen"), bleibt aber auf der Sachebene und damit neutral. Bewusst hat der Schreiber nicht betont, dass er den Sachverhalt schon in seinem ersten Brief dargestellt hat („erhobener Zeigefinger"), und es werden keine rechtlichen Konsequenzen angekündigt (Druck). Das Erwähnen des Urteils reicht oft schon aus, und der Empfänger kommt uns entgegen, ohne das Gefühl haben zu müssen, er sei ein Versager. Mit der Formulierung „die zu viel gezahlten 100 Euro" vermeidet der Schreiber eine offene Schuldzuweisung („Sie haben nichts überwiesen"), und mit dem abschließenden Dank hinterlässt er einen freundlichen, versöhnlichen Eindruck.

→ auch: Widerspruch

Klammern

Klammern gibt es in vielen Formen und Funktionen. Die spitzen und geschweiften sind Spezialkontexten vorbehalten (zum Beispiel der Mathematik), aber eckige und runde sollten zu unserem Handwerkszeug gehören.

Die eckigen Klammern sind – abgesehen von ihren Spezialfunktionen als phonetische Klammern und zur Kenntlichmachung nicht lesbarer Stellen – zwei Zwecken vorbehalten:

- Zusätze des Schreibenden in Zitaten, um sie vom Zitierten abzugrenzen: „Man sollte den Teig [nachdem er 30 Minuten geruht hat] gut durchrühren [...].“
- Erläuterung innerhalb runder Klammern: „Ich bin Mitglied der Cat Society (Katzen-Gesellschaft [CS]).“

In Sätzen wie dem zweiten oben tut es meist – optisch nicht so verwirrend – auch ein einfaches Komma.
Runde Klammern sind wichtig, wenn man durch kreative Zeichensetzung (die neben dem Komma auch alle anderen Satzzeichen berücksichtigt) Auflockerung und Übersichtlichkeit erreichen möchte. Sie enthalten in der Regel erklärende Zusätze oder eingeschobene Sätze.

! WICHTIG

Wenn runde Klammer und Punkt zusammentreffen, gibt es oft Schwierigkeiten mit der Reihenfolge.
So ist es richtig:

- Ich schicke Ihnen gern das Rechtschreib-Poster (es geht heute Abend noch raus).
- Ich schicke Ihnen gern das Rechtschreib-Poster. (Es geht heute Abend noch raus.)

→ auch: Doppelpunkt, Gedankenstrich, Semikolon, Zeichensetzung

Komma

Nach der Rechtschreibreform gibt es bei der Kommasetzung sehr viele Wahlmöglichkeiten. Daher hier nur die wichtigsten Regeln (die erfahrungsgemäß immer wieder Probleme bereiten), wo nach wie vor Kommas stehen müssen:

- wenn eine Infinitiv- oder Partizipialgruppe durch ein hinweisendes Wort angekündigt oder wieder aufgenommen wird:
  - Ein Haus zu bauen, **das** ist teuer.
  - **Es** ist schön, dass Sie kommen konnten.
- wenn „als" oder „wie" einen untergeordneten Vergleichssatz einleitet:
  - Das ist mehr, als ich erwarten konnte.
  - Das ist mehr, als zu erwarten war.
- wenn eine Infinitivgruppe mit „um, (an)statt, außer, ohne, als" eingeleitet wird:
  - Wir kamen vorbei, um zu plaudern.
- wenn eine Infinitivgruppe von einem Substantiv abhängt:
  - Sie hatte den **Mut**, ihm zu kündigen.

Eine mit „als" oder „wie" eingeleitete Infinitivgruppe hingegen muss heute nicht mehr durch ein Komma abgetrennt werden – darf aber.

TUN

Das Komma – sicher unser wichtigstes atzstrukturierungszeichen – kann durchaus öfter einmal durch eines der oft vernachlässigten Zeichen ersetzt werden. Tipps dazu finden Sie bei Doppelpunkt, Gedankenstrich, Klammern und Semikolon.

! WICHTIG

Eine Neuerung gibt es beim Zusammentreffen von Anführungszeichen und Kommas: Wenn der direkten Rede ein Kommentarsatz folgt oder wenn er danach weitergeht, soll nun grundsätzlich ein Komma stehen (auch nach Ausrufe- und Fragezeichen):
Sie schrie: „Das wollen wir doch einmal sehen!“, und verließ den Pool.

Kommunikation

Der Begriff bedeutet „Unterredung“, „Mitteilung“ und beschreibt einen Austausch von Zeichen. Bei menschlicher Kommunikation werden Inhalte über sprachliche Zeichen vermittelt, und zwar wechselseitig. Kommunikationstheorien sind ein weites Feld. Stark verkürzt können wir sagen, dass Kommunikation stattfindet zwischen Sender und Empfänger.

Ein Inhalt (Gedanke/Gefühle) wird vom Sender codiert (in Sprache gefasst) und als Code (Sprache) über einen Kanal (mündlich – Schallwellen, Schrift) an den Empfänger geschickt, der die Nachricht wieder decodiert (in Gedanken/Gefühle). Äußere Faktoren wie persönliche Erfahrungen, aber auch zum Beispiel Lärm (Kontext) tragen wesentlich zum Ge- oder Misslingen der Kommunikation bei.

Kommunikationsstrategie

→ Win-Win-Strategie

Kommunikationstempo

Die Geschwindigkeit, mit der Kommunikation stattfindet, hängt stark vom benutzten Medium ab: Das gesprochene Wort im persönlichen Gespräch wirkt schneller als ein Telefonat, weil beim direkten Kontakt nonverbale, nicht sprachliche Faktoren wie Mimik und Gestik die reine Sprachaussage verstärken. Bei der E-Mail wird die Kommunikation – trotz der dem Telefon vergleichbaren Übertragungsgeschwindigkeit zumindest in einer Richtung – noch langsamer, weil der Faktor „Stimme" wegfällt. Allerdings erfordert hier die Antwort schon erheblich mehr Zeit als am Telefon. Der Brief ist die langsamste direkte Kommunikationsform.

! WICHTIG

Das Tempo der Kommunikation sollte – besonders im geschäftlichen Alltag – unbedingt dem Inhalt der Nachricht entsprechen: Reklamationen zum Beispiel erfordern meist rasches Handeln, während Bestellungen oder einfache Mitteilungen durchaus langsamer ablaufen können.

→ auch: Auswahl des Mediums

Konjunktiv

Kopfzerbrechen bereitet der Konjunktiv im Geschäftsbrief meist nur in einem Fall. Zwei Beispiele dafür:

- Ich würde mich freuen, wenn Sie mich zu einem Gespräch einladen würden/einlüden.
- Ich würde mich freuen, wenn Sie kommen würden/kämen.

Grundsätzlich gilt heute die Regel nicht mehr, dass „wenn" und „würde" nicht zusammenpassen. Trotzdem sollte man nicht zu viele „würde" verwenden, wo es nicht nötig ist. Da muss man abwägen, denn eine extrem ungebräuchliche und antiquiert wirkende Konjunktivform („einlüden") sollte man ja ebenso wenig leichtfertig verwenden.

✓ **TIPP**

Unsere Empfehlung: Im Beispielsatz 1 die Umschreibung mit „würde" wählen (wegen der ungebräuchlichen Alternative: „einlüden"), in Satz 2 die Version mit „kämen" (da dieses Wort durchaus gebräuchlich ist).

→ auch: Letzter Satz, Protokoll

Kopie

In der Geschäftskorrespondenz verschickt man oft Kopien, zum Beispiel bei Verträgen (zwei unterschriebene Exemplare, wenn man den Vertrag selbst ausstellt) oder mit der Bewerbung (Zeugniskopien; von neu nach alt sortiert abheften).

Durch E-Mail ergeben sich ganz neue Möglichkeiten: Man kann dieselbe Mail einfach gleichzeitig an beliebig viele Adressaten schicken – oder auch Abstufungen vornehmen. Das muss durch spezielle Markierungen geschehen, denn grundsätzlich ist ja jede versandte Mail ein „Original"!

- Mit „CC" (carbon copy) vor einer Adresse macht man kenntlich, dass der Empfänger das Äquivalent einer Kopie erhält, der Adressat ohne „CC" vor der Adresse aber der Hauptempfänger sein soll.

- Mit „BCC“ (blind carbon copy) kann man eine Mail an jemanden schicken, ohne dass die anderen Empfänger sehen können, dass auch er sie bekommen hat.

→ auch: E-Mail

Kreativität

Kreativität wird heute gern um ihrer selbst willen gepredigt; nichtsdestoweniger kann es auch in der Geschäftskorrespondenz für Schreibende und Empfänger hilfreich, angenehm und zeitsparend sein, wenn kreative Elemente ins Spiel gebracht werden. Und das lohnt sich: Durch etwas, das erst einmal anders ist als das Gewohnte, wird die Aufmerksamkeit des Empfängers geweckt – unerlässlich beispielweise für Pressemitteilungen, Werbebriefe und auch für Bewerbungen!

Ein anderer Effekt: Wenn Sie aus der Routine ausbrechen, indem Sie zigmal wiederholte Aufgaben anders angehen, tun Sie auch sich selbst etwas Gutes und finden vielleicht sogar neue Wege, wie Sie eine Aufgabe besser, einfacher oder auch nur mit mehr Spaß erledigen.

Grundsätzlich stehen alle Bereiche für kreative Ideen offen: von der Textplanung, dem Inhalt, der Gliederung und der Wortwahl über die Zeichensetzung bis zur Auswahl des Mediums und zur Briefblattgestaltung.

✗ VORSICHT

Für den gewöhnlichen Geschäftsbrief ist es aber meist sinnvoll, bei der DIN-5008-Gestaltung zu bleiben – sie erleichtert die Orientierung und hilft, alle notwendigen Elemente unterzubringen. Verwenden Sie Ihre kreativen Kräfte lieber auf die anderen Elemente!

Bei eher informellen Schreiben hingegen (zum Beispiel Einladung, Weihnachtsgruß, Dank) sind Sie auch in der Blattaufteilung freier.

Wer in der Wortwahl Floskeln durch frische, lebhafte Ausdrücke ersetzt, wird bereits kreativ tätig. Dasselbe gilt für alle, die in der Zeichensetzung nicht nur auf das Komma setzen, sondern auch Doppelpunkt, Gedankenstrich, Klammern und Semikolon in ihr Repertoire aufnehmen.

Wenn Sie häufig komplexe Aufgaben oder Texte planen, kann Ihnen Mind Mapping neuen Schwung verleihen und Ihnen komplizierte Aufgaben überschaubar und damit auch weniger verwirrend machen. Außerdem eignet sich diese Technik hervorragend zur Terminplanung und dafür, Fortschritte und Erfolge sichtbar zu machen – eine Vitaminspritze für Ihre Motivation!

Wenn Sie Probleme lösen wollen oder neue Ideen für Routinetexte suchen (zum Beispiel Werbebriefe, Weihnachtsgrüße oder Einladungen), können Ihnen außer dem Mind Mapping und dem Clustering auch verschiedene andere Kreativitätstechniken weiterhelfen. Das Brainstorming (zentrales Merkmal: keine Kritik während der Ideenfindungsphase!) kennen Sie sicher. Es eignet sich sowohl für Einzelpersonen als auch für Gruppen.

Die Osborn-Checkliste lernen Sie beim Weihnachtsgruß ausführlich kennen. (Außerdem können Sie bei diesem Stichwort einmal verfolgen, wie der kreative Prozess konkret aussehen kann.)

✓ TIPP

Wenn Sie sich für weitere Techniken (wie Bisoziation, morphologischer Kasten, Reizwortanalyse, mentale Provokation, Synektik oder progressive Abstraktion) interessieren, empfehlen wir Ihnen als Einführung den kleinen und preiswerten Taschenguide „Kreativitätstechniken" von Matthias Nöllke, 3. Auflage 2002, 126 Seiten, 6,60 Euro, Haufe Verlag.

Haben inhaltliche Kreativität und Kreativität bei der Auswahl des Mediums überhaupt Platz in der Geschäftskorrespondenz? Auf jeden Fall! Zwar macht es wenig Sinn, zum Beispiel eine Postvollmacht inhaltlich neu zu formulieren oder per E-Mail zu versenden (bei Briefen, die rechtlichen Normen genügen müssen, sollte man generell auf Rechtssicherheit achten!). Aber abgesehen davon gibt es zahlreiche Möglichkeiten.

✓ TIPP

Hier einige Anregungen:

- Überdenken Sie einmal die Anlässe, zu denen Sie überhaupt bestimmte Arten von Briefen verschicken: Sind manche davon überflüssig?
  Beispiel: eine Frage, die man auch anders, schneller, ohne den Aufwand des Briefschreibens lösen kann; eine Entschuldigung, die besser und persönlicher telefonisch erledigt wird
- Gibt es Anlässe, zu denen Sie bisher keine Briefe verschicken, wo es sich aber lohnen könnte?
  Beispiele: ein Dank an eine besonders freundliche oder kooperative Behördenmitarbeiterin; eine Mail an einen bestimmten Geschäftspartner mit einem speziellen Tipp, der ihm weiterhelfen könnte (? Netzwerken)
- Lassen sich manche Textaufgaben einfacher, schneller, effektiver durch die Wahl eines anderen Mediums lösen?
  Beispiel: eine Terminvereinbarung über E-Mail statt übers Telefon oder per Brief, wobei zugleich schnell und trotzdem schriftlich bestätigt werden kann

- Können Sie für eine Briefsorte Merkmale einer anderen verwenden?
  Beispiele: Eine Bewerbung wird meist überzeugender, wenn man sie – auch – als Werbebrief für die eigene Person auffasst. Eine Einladung kann allein schon dadurch witzig und ausgefallen wirken, dass man sie wie ein offizielles Angebot verfasst.
- Können Sie mehrere Briefsorten verbinden, um Zeit, Papier und Arbeit zu sparen?
  Beispiele: ein Dankesbrief, der gleichzeitig zur Bestätigung eines Termins dient; eine Anfrage, die ihrerseits ein Angebot enthält

→ auch: Clustering, Glückwunsch, Mind Mapping, Weihnachtsgruß, Textdramaturgie, Zeichensetzung

Kundenfreundlichkeit

→ Kundenorientierung

Kundenorientierung

Wenn wir uns an den Bedürfnissen unserer Kunden orientieren, das heißt: sie in den Mittelpunkt unserer Überlegungen und auch unseres Handelns stellen, wird unser Unternehmen fast zwangsläufig kundenfreundlich. Aber was sich so einfach anhört, entpuppt sich bei genauerem Hinsehen als nur schwer durchführbar. Das liegt an vielen Faktoren, besonders aber an einem zähen Festhalten einiger Entscheider an überholten Denkweisen: Unternehmensleitungen stellen die „Gewinnmaximierung" ins Zentrum ihrer Überlegungen, Mitarbeiter üben sich in Egoismus und Schuldzuweisungen, um bei möglichst geringem Einsatz möglichst viel für sich herauszuschlagen.

Die „Servicewüste" Deutschland ist schon sprichwörtlich, und wer nur schon einmal im englischen oder amerikanischen Supermarkt eingekauft hat, weiß genau, was damit gemeint ist: Dort wird man empfangen und bedient wie ein König. Bei uns dagegen wird der Kunde oft als störend empfunden, und das lässt man ihn auch spüren.

VORSICHT

Es mag vielen Geschäftsleuten gegen den Strich gehen, dass sie auch für das emotionale Wohlbefinden ihrer Kunden verantwortlich sein sollen, sie werden um diese Erkenntnis – und schlimmer noch: um die Umsetzung – jedoch nicht herumkommen, wenn sie im Markt bestehen wollen.

Viele Bücher sind schon darüber geschrieben worden, dass in unserem jungen Jahrtausend nur die Unternehmen überleben können, die den Kunden in den Mittelpunkt stellen, weil er sich bei einem immer ähnlicher werdenden Angebot an Waren und Leistungen für den Anbieter entscheiden wird, bei dem er sich persönlich am wohlsten fühlt.

✓ TIPP

Die Kundeninteressen müssen auf allen Ebenen – zunächst aber sicher in den Köpfen aller Beteiligten – in den Mittelpunkt gestellt werden: in der Werbung, in der Lagerhaltung, in der Korrespondenz, im Außendienst – um nur einige Bereiche zu nennen. Aber das lässt sich nicht per Aushang am schwarzen Brett bewirken, sondern ist eine umfangreiche Schulungsaufgabe für Management und Mitarbeiter.

Kündigung

Eine Kündigung ist eine einseitige, empfangsbedürftige Willenserklärung; eine Zustimmung der anderen Seite ist nicht nötig. Die Erklärung muss eindeutig und unmissverständlich sein. Vorschriften für die Form gibt es nicht, es sei denn, im Gesetz oder im Vertrag ist Entsprechendes vorgeschrieben, zum Beispiel der in Arbeitsverträgen verbreitete Passus: „Die Kündigung bedarf der Schriftform.“ Ansonsten darf eine Kündigung auch mündlich mitgeteilt werden, allerdings kann das Probleme mit sich bringen, denn Kündigungen beenden ein bestehendes Vertragsverhältnis. Das kann zum Beispiel ein Mietvertrag sein, aber auch ein Arbeitsvertrag. Da die Konsequenzen weitreichend sein können, empfiehlt sich die Schriftform grundsätzlich, weil man damit ein Beweismittel in der Hand hat.

Normalerweise ist in dem entsprechenden Vertrag geregelt, unter welchen Bedingungen und unter Einhaltung welcher Fristen man kündigen darf. Um in einem möglichen Streitfall nachweisen zu können, dass man die vorgeschriebenen Fristen gewahrt hat, kann es – besonders bei Arbeitsverträgen – sinnvoll sein, das Kündigungsschreiben per Einschreiben mit Rückschein zu versenden, da man nur so wirklich sicher sein kann, dass es auch an der richtigen Stelle angekommen ist (siehe oben: Diese Willenserklärung ist empfangsbedürftig). Neben dieser Möglichkeit gibt es die (erheblich kostspieligere) Zustellung durch einen Gerichtsvollzieher oder das Überbringen durch einen Boten, der den Inhalt des Schreibens kennen muss.

Wenn ein Arbeitgeber einem Arbeitnehmer oder einer Arbeitnehmerin wegen schlechter Leistungen oder vertragswidrigen Verhaltens kündigen will, muss er in der Regel – außer bei der außerordentlichen Kündigung – vorher abmahnen. In diesen Fällen wird das Schreiben knapp ausfallen, weil der Sachverhalt durch die Abmahnungen geklärt ist.

Muss ein Unternehmen aber aus betriebsbedingten Gründen Entlassungen vornehmen, fallen die Schreiben oft länger aus, weil man dem Gekündigten die Gründe schriftlich bestätigen möchte, so dass ein zukünftiger Arbeitgeber nicht an seinen Fähigkeiten zweifelt.

Mit unserem Betriebsrat haben wir eine Vereinbarung über die Abwicklung der betriebsbedingten Kündigungen getroffen. Nach der sozialen Auswahl müssen wir nun leider auch Ihnen kündigen. Wir bedauern das ganz besonders, weil Sie eine unserer besten Nachwuchskräfte sind.

→ auch: Abmahnung

Kurzdarstellung

Eine Kurzdarstellung ist ein Kann in Bewerbungen, kein Muss. Auf einem separaten Blatt –- neben dem Anschreiben – stellt der Bewerber oder die Bewerberin kurz dar, was er oder sie genau für sein Zielunternehmen tun kann. Das heißt, einzelne Qualifikationen können hier in eine direkte Beziehung zu Anforderungen gesetzt werden, die das Unternehmen hat, bei dem man sich bewirbt. Die Kurzdarstellung ist besonders bei Initiativbewerbungen sinnvoll oder dort, wo ein spezieller Bedarf besteht. Oder auch für Quereinsteiger.

→ auch: Bewerbung

Lebenslauf

Der Lebenslauf ist Bestandteil jeder ausführlichen Bewerbung. Er soll möglichst keine Lücken aufweisen; wenn es doch welche gibt, müssen Sie sie plausibel machen können. Außerdem soll er alle relevanten Daten enthalten, also die schulische und berufliche Entwicklung komplett dokumentieren und auch die für die Position nützlichen Zusatzqualifikationen enthalten.

TUN

Setzen Sie immer ein Datum auf den Lebenslauf, und unterschreiben Sie ihn! In manchen Unternehmen werden tatsächlich nicht unterschriebene Lebensläufe zum Anlass genommen, die Bewerbung als Ganzes auszusortieren ...

Da es beim Lebenslauf meist auf Übersichtlichkeit ankommt, ist einer in Aufsatzform heute nicht mehr gebräuchlich. Zwei Ausnahmen:

- Ein Berufseinsteiger hat so wenig Daten anzugeben, dass sie in einem tabellarischen Lebenslauf nur wenige Zeilen umfassen würden.
- Die Personalentscheider verlangen diese Form, weil sie ein graphologisches Gutachten erstellen lassen wollen.

Wählen Sie im Normalfall den tabellarischen oder einen grafisch gestalteten Lebenslauf, und zwar entweder sachlich oder zeitlich geordnet (Reihenfolge dabei: von der Geburt bis heute) siehe Tabellarischer Lebenslauf S. 141.

✓ TIPP

Die grafische Gestaltung des Lebenslaufs kann durchaus einen Bezug zu Ihrem Beruf haben – lassen Sie Ihrer Kreativität ruhig freien Lauf! Wie wäre es zum Beispiel mit einer Gestaltung als Schichttorte in der Bewerbung um eine Stelle als Konditor? Oder mit einer Pyramide bei einer Archäologin? Oder mit einem mehrstöckigen Haus bei einer Architektin?
Achten Sie nur darauf, dass das grafische Element einfach bleibt; beschränken Sie sich auf die Linien, die für die Struktur notwendig sind.

Lebenslauf

Helga Schlappfuß
Sockenweg 13
00264 Schusterhausen
Telefon xxxxx xxxxxx

Geboren:	24. Januar 1979 in Düsseldorf
Familienstand:	ledig
Schulbildung:	4 Jahre Grundschule 9 Jahre Gymnasium, Abitur
Studium:	5 Jahre Studium der Theater-, Film- und Fernsehwissenschaften, Magister
Berufstätigkeit:	2 Jahre Redaktionsassistentin der Gameshow „Her mit dem Zaster" beim Fernsehsender HH12 – vor allem Kandidaten- und Autorenbetreuung 1 Jahr Redakteurin der Gameshow „Kohle ohne Ende" bei HH 12 – Autorenbetreuung, Auswahl und Redaktion der Spieltexte, Terminplanung, Koordination der Sendung seit 12 Jahren Redakteurin beim Sender Ja6 für das erotische Frühstücksfernsehen – Auswahl und Redaktion der Beiträge, inhaltliche Planung, Koordination
Besondere Kenntnisse und Fähigkeiten:	Englisch fließend in Wort und Schrift, gute Schwedischkenntnisse EDV: gute Kenntnisse in Word, WordPerfect, Corel Draw, Powerpoint Texterfahrung: Redaktion, Lektorat, Korrektur

Schusterhausen, am 12. August 2008, ______________ [Unterschrift]

! WICHTIG

Der „angelsächsische Lebenslauf“ wird im Zuge des Zusammenwachsens von Europa und auch im Hinblick auf die wachsende Mobilität und Globalisierung auch bei uns immer wichtiger. Er heißt „Curriculum Vitae“ und wird im Vergleich zu dem früher bei uns üblichen Lebenslauf zeitlich umgekehrt aufgebaut: Die neuesten Daten stehen am Anfang, die Berufs- und Schulausbildung am Ende.
Dieser Aufbau erklärt übrigens, warum dieser Lebenslauf auch in deutschen Unternehmen immer beliebter wird – auf einen Blick erkennt man die aktuelle berufliche Position und die damit verbundenen Fähigkeiten des Bewerbers oder der Bewerberin.

✓ TIPP

Wählen Sie den „klassischen“ Lebenslauf bei kleinen und mittleren deutschen Unternehmen und wenn Sie nur wenige Daten darin auflisten. Den angelsächsischen Aufbau können Sie nehmen bei internationalen Unternehmen und wenn Sie viele Daten haben.

Letzter Satz

Ähnlich wie der erste Satz ist auch der letzte vor der Grußformel in der Geschäftskorrespondenz ein Tummelplatz für

Floskeln. Das Problem: Man hat zwar alles gesagt, möchte aber nicht einfach sang- und klanglos aufhören. So werden im letzten Satz oft überflüssigerweise bereits angesprochene Informationen wiederholt, oder es wird schon mal gegrüßt (obwohl der Gruß direkt danach noch einmal kommt). Das ist besonders schade, weil dem letzten Satz – wie auch dem ersten – schon durch seine Stellung die besondere Aufmerksamkeit des Empfängers, der Empfängerin zuteil wird.

✓ TIPP

Den letzten Satz können Sie sinnvoll nutzen, indem sie ihn zum Beispiel eine dieser Funktionen erfüllen lassen:

- konkrete Aufforderung
  Beispiel: „Rufen Sie mich noch in dieser Woche an? Dann können wir Ihr Manuskript rechtzeitig in Druck geben."
- persönliche Ansprache
  Beispiel: „Für Ihren Urlaub in Umbrien wünsche ich Ihnen viel Sonne und viel Spaß!"
- Information, die nicht direkt zum Thema des Briefes gehört
  Beispiel: „Übrigens: Vom 12. bis zum 26. August gönne ich mir zwei Wochen Urlaub. Am 28. können Sie mich dann wieder in alter Frische erreichen."
- bei Bewerbungen: selbstbewusster (!) Hinweis auf das Vorstellungsgespräch
  Beispiele: „Ich freue mich auf ein persönliches Gespräch.", „Wann darf ich zu einem persönlichen Gespräch zu Ihnen kommen?"

→ auch: Erster Satz, Floskeln, Fragen, Konjunktiv, PS

Lieferung

Dass es einer guten Geschäftsbeziehung nicht gut tut, wenn Vereinbarungen nicht eingehalten werden, ist selbstverständlich. So sollte eine termingerechte Lieferung die Regel sein. Aber da oftmals viele verschiedene Stellen oder auch Unternehmen eine Rolle bei der Einhaltung von Lieferterminen spielen, kann es auch bei sorgfältigster Planung einmal zu Terminverschiebungen kommen. Das Wichtigste ist dann, dass Sie die Kunden sofort und unter Angabe von plausiblen Gründen informieren und gleichzeitig einen neuen Termin oder andere Lösungsmöglichkeiten anbieten, zum Beispiel so:

Verschiebung eines Liefertermins

Ihre Bestellung vom 2. Februar 2008
über 12 Flauschi-Bettvorleger
Änderung des Liefertermins

Sehr geehrte Frau Hansen,

da es uns auf beste Qualität ankommt, werden unsere Flauschi-Bettvorleger nur dort gefertigt, wo besonders hohe Qualität produziert wird: in Den Haag.

Unsere Vertreterin vor Ort hat uns aber soeben informiert, dass sich die Lieferung aufgrund eines Maschinenausfalls im Herstellerbetrieb verzögern wird – voraussichtlich um eine Woche. Daher können wir nicht, wie versprochen, am 18. Februar liefern, sondern erst in der 9. Kalenderwoche.

Hoffentlich haben Sie keine Schwierigkeiten wegen der Verzögerung; ansonsten rufen Sie mich bitte an, damit wir gemeinsam nach einer Alternativlösung suchen können.

Freundliche Grüße aus Langenfeld

✓ TIPP

Gerade bei Lieferungen, die erst Wochen oder Monate nach der Bestellung ausgeführt werden, kann man positive Werbung für das eigene Unternehmen machen, indem man sie auch bei pünktlicher Lieferung kurz vorher schriftlich ankündigt (? Zwischenbescheid). Das verschafft dem Kunden Sicherheit und dem Unternehmen einen Bonus in puncto Service!

Lob

Lob ist zwar wichtig für Motivation und Beziehungspflege, aber in der Regel sollte es persönlich ausgesprochen werden. In schriftlicher Form wirkt es schnell „von oben herab“ oder wie das Kopftätscheln bei einem gehorsamen Kind.

(Eine Ausnahme bildet das Loben sehr junger Azubis oder Berufsanfänger.)

Die Alternative ist, einen Dank zu formulieren. Dadurch verschiebt sich auch die Bedeutung auf der Beziehungsebene: Statt „Das hast du aber fein gemacht" lautet die Botschaft nun: „Danke, dass Sie mir/uns durch XY geholfen haben". So wird nicht von oben nach unten kommuniziert, sondern auf einer partnerschaftlichen Ebene.

✓ TIPP

Gehen Sie mit offenen Augen für Gelegenheiten zum Loben (besser: Danken) durch den Arbeitsalltag. Dank kostet wenig, hat aber – auch wenn es nur um Kleinigkeiten geht – eine große Wirkung!

→ auch: Dank

Logik

Logik ist eine wichtige Voraussetzung für das Gelingen von Kommunikation, besonders der Korrespondenz, weil man hier nicht am Gesichtsausdruck des Gegenübers erkennen kann, ob man eindeutig verstanden wurde oder ob es Missverständnisse gibt. Und bei Briefen hat man – anders als im Gespräch – ja schließlich auch genügend

Zeit, sich zu überlegen, wie man die vielleicht komplexen Inhalte so schlüssig aufbaut, dass sie dem Empfänger sofort einleuchten, ohne Verständnisfragen aufzuwerfen.

BRENNSITUATION

Bewerbungsschreiben sind ein schönes Beispiel für die Notwendigkeit von Logik: Selbst wenn in einem Lebenslauf auf den ersten Blick die kontinuierlich aufeinander aufbauende Entwicklung einer Berufskarriere für den einstellenden Personalmanager nicht erkennbar ist, kann eine logische Begründung eine neue Chance für einen Seiteneinsteiger eröffnen – selbstverständlich nur, wenn sie der Wahrheit entspricht. So kann es einleuchten, dass eine Journalistin, die tagelang in einer Werbeagentur recherchiert, beruflich dorthin wechseln möchte. Es kommt nur darauf an, die innere Logik der Entwicklung nachvollziehbar darzustellen.

Aber auch bei der Reklamationsbearbeitung kommt es ganz entscheidend auf eine logische Gedankenführung an, weil ein aufgebrachter Kunde erfahrungsgemäß keinen Spaß daran findet, wirre Gedankengänge zu sortieren. Eine Einigung erreichen wir am ehesten, wenn wir klar und nachvollziehbar formulieren, ohne mögliche Fehler unsererseits zu beschönigen oder zu verschleiern.

→ auch: Roter Faden

Mahnung

→ Erinnerung

Mängelrüge

→ Reklamation

Mind Mapping

Diese Kreativitäts- und Arbeitstechnik wurde von Tony Buzan entwickelt. Sie ist leicht zu erlernen und kann Ihnen nicht nur „Kreativitätsschübe" bescheren, sondern auch helfen, komplexe Aufgaben (Textaufgaben und andere) zu planen, übersichtlich zu gestalten und komplizierte Probleme zu lösen.

Das gelingt deshalb, weil man beim Mind Mapping (engl.: Gedankenkarte) Gedankengänge erheblich besser erfassen und anregen kann als beim „normalen" linearen Schreiben. Schrift funktioniert linear, aber unser Denken verläuft nicht so, sondern macht Sprünge, assoziiert etc. Außerdem brauchen wir zur Problemlösung und um kreativ zu sein beide Hirnhälften – auch die rechte intuitive, die in unserer Kultur bereits in der Schule vernachlässigt wird. Mit Mind Mapping bringen Sie auch Ihre rechte Hirnhälfte ins Spiel.

Die Technik selbst können wir hier nur in Stichworten darstellen; wir zeigen Ihnen vor allem, wo Sie sie bei Ihrer Arbeit besonders wirkungsvoll einsetzen können.

✓ TIPP

Viele gute Einführungen sind inzwischen im Buchhandel erhältlich. Achten Sie nur darauf, dass zumindest einige Mindmaps farbig dargestellt sind; Farbe ist ein zentraler Bestandteil eines Maps und trägt wesentlich zu seiner Wirksamkeit bei!

Sie brauchen zum Mappen vor allem ein A4- oder A3-Blatt im Querformat und bunte Stifte. In die Mitte des Blattes schreiben Sie das Thema – am besten finden Sie (auch) ein Bildsymbol dafür. Denn Bilder sind ein wichtiges Instrument von Mind Maps, weil sie oft wirklich mehr sagen als tausend Worte! (Stellen Sie sich nur einmal einen endlosen Text mit zig Familienbezichungen vor – und dieselben Informationen in einem Stammbaum. Aus welcher Darstellungsform werden Sie wohl die meisten Informationen ziehen und damit behalten und verarbeiten können?)

Zeichnen Sie von der Mitte aus einen ersten Ast, und schreiben Sie ein Schlüsselwort darauf (keine ganzen Sätze, nicht zu viele Wörter!). Hängen Sie dann – je nach

„Gedankengang“ – weitere Haupt- und Unteräste an der Mitte auf, und unterstützen Sie sich selbst durch die Verwendung verschiedener Farben und zahlreicher Bilder (auch Piktogramme und Symbole).

✓ TIPP

Bei humboldt ist das Buch „Mind Mapping“ erhältlich (ISBN 978-3-89994-928-4). Wenn Sie gerne am PC mappen wollen, können Sie eins der Mappingprogramme nutzen, die für den PC auf dem Markt sind. Besonders empfehlenswert finden wir „MindManager“ (Mindjet GmbH, 21-Tage-Vollversion auf der Homepage erhältlich: http://www.mindjet.com/de/). Damit stehen Ihnen alle Möglichkeiten des Mind Mappings auch visuell überzeugend zur Verfügung – und noch einige mehr, die nur am PC funktionieren.

Mind Mapping kann Ihnen zum Beispiel bei den folgenden Aufgaben unschätzbare Hilfe leisten:

- wenn Sie eine komplexe (Text-)Aufgabe wie zum Beispiel eine Festschrift oder eine Konferenz planen
- wenn Sie ein Seminar, einen Workshop, ein Meeting vorbereiten
- wenn Sie neue Ideen für Routineaufgaben suchen (zum Beispiel Einladungen und Glückwünsche oder auch ein neues Ablagesystem)

- wenn Sie ein heikles Telefonat vorbereiten
- wenn Sie ein Protokoll schreiben müssen
- wenn Sie Ihre Wochenplanung auf einen Blick überschauen wollen
- wenn Sie Ihre Fortschritte und Erfolge sichtbar machen wollen

Besonders motivierend: ein buntes Map für die Wochenplanung mit aufmunternden und positiven Bildern und (Unter-)Ästen für jede Aufgabe. Wenn Sie die Aufgaben jeweils nach Erledigung mit einem Textmarker hervorheben, haben Sie Ihre kleinen Fortschritte immer deutlich vor Augen – das kann erheblich zum Wohlbefinden und zur Selbstmotivation beitragen!

→ auch: Clustering, Kreativität, Netzwerken

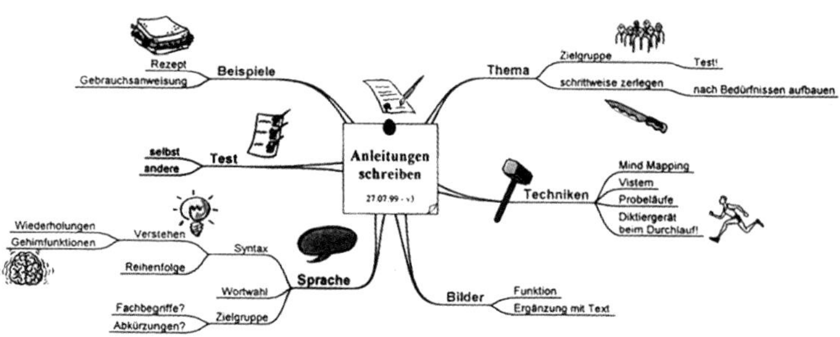

Mind Map (erstellt mit der Software „MindManager")

Mitteilung

Wichtige Änderungen wie zum Beispiel die der Gesellschaftsform oder Informationen, etwa über einen neuen Ansprechpartner im Unternehmen, sollten allen mitgeteilt werden, die es angeht. Je nach Art des bestehenden Kontaktes kann man diese Mitteilung in recht persönlicher Form tun oder aber rein geschäftlich-distanziert. Formvorschriften gibt es nicht, allerdings sollten die Grundsätze der Angemessenheit, Klarheit und Verständlichkeit auch hier berücksichtigt werden.

Mitteilung über einen Wechsel im Außendienst

Sehr geehrte Frau Schnölders,

am 30. September wird uns Herr Schiffer, der Sie in den letzten Jahren regelmäßig besucht hat, wegen eines Umzugs verlassen. Wir haben lange nach einem ebenbürtigen Nachfolger für ihn gesucht und ihn schließlich auch gefunden:

Herr Peter Dingels kommt von Schiffers und Partnern zu uns, wo er seit 2005 als Kundenbetreuer tätig war. Wir sind sicher, dass er Ihnen ebenso kompetent helfen wird wie sein Vorgänger.

In den nächsten Tagen wird Herr Dingels sich persönlich bei Ihnen melden.

Moderner Briefstil

Der „moderne" Briefstil ist schon einige Jahrzehnte alt – trotzdem halten sich hartnäckig manche überflüssigen, umständlichen und veralteten Wendungen, Wörter und Gepflogenheiten in der Geschäftskorrespondenz.

Moderner Briefstil richtet sich an den Bedürfnissen der Lesenden und Schreibenden aus. Keinen Platz haben darin: Floskeln (außer manchen Formeln, zum Beispiel bei Anrede und Gruß), extremer Nominalstil, endlos verschachtelte Sätze, veraltete Ausdrücke (wie „Hochachtungsvoll"), Papierdeutsch oder hochgestochene Ausdrücke.

Stattdessen orientiert man sich an der gesprochenen Sprache, verwendet Alltagsbegriffe und Wendungen, formuliert persönlich, gliedert übersichtlich, stellt den Empfänger, die Empfängerin ins Zentrum und erleichtert das Aufnehmen und Verstehen der Informationen auf jeder sprachlichen Ebene.

→ auch: Angemessenheit, Floskeln, Kundenorientierung, Nominalstil, Papierdeutsch

Musterbriefe

Musterbriefe sind eine Medaille mit zwei Seiten: Einerseits erleichtern sie Routineaufgaben im Schreiballtag sehr, andererseits bieten sie dem oder der Ungeübten eine unerschöpfliche Quelle für Fehler. Außerdem gibt es nicht für alle Fälle Muster, denn eine Bewerbung ist immer so individuell, dass man höchstens Beispiele vorstellen kann.

Der Personalchef eines großen Bonner Baumarktes sortiert zum Beispiel sofort die Bewerbungen aus, in denen das aktuelle Datum „00.00.00" lautet oder der Absender im Lebenslauf plötzlich „Mustermann" heißt und aus „Musterstadt" stammt. Ebenso unschön ist es, wenn man die Anschrift zwar korrekt schreibt, in der Anrede aber vergisst, den Empfängernamen zu aktualisieren. Und auch in dem einleitenden Satz liegt eine Fehlerquelle, wenn wir uns auf ein Telefonat beziehen, das mit diesem Kunden nie stattgefunden hat. Die Aufzählung lässt sich fortsetzen …

VORSICHT

Wenn Sie Musterbriefe verwenden, nehmen Sie sich bitte unbedingt die Zeit, sie in jedem einzelnen Fall sehr kritisch zu prüfen.

✓ **TIPP**

Außerdem kann man den eigenen Büroalltag und die Briefe dadurch etwas aufpeppen, dass man sich wenigstens für den Anfang und den Gruß etwas Neues einfallen lässt. Bei humboldt ist zum Thema „Das große Buch der Musterbriefe“ erschienen. Gabi Neumayer hat 2006 bei Eichbarn die „Pretismappe für überzeugende Geschäftsbriefe“ veröffentlicht.

Nachfassbrief

Nachfassbriefe sind schon allein deshalb eine gute Sache, weil wir damit Menschen ansprechen, die bereits Interesse an unseren Produkten oder Dienstleistungen gezeigt haben oder die auf andere Weise bereits mit uns Kontakt hatten.

Nachfassbriefe schreibt man, um sich in Erinnerung zu bringen – positiv natürlich. Dazu gibt es viele Gelegenheiten:

- wenn es ums Verkaufen geht: nach einem Messekontakt, nach einem Vertreterbesuch, nach Abgabe eines Angebots
- wenn es um die Auftragserteilung geht: nach einer Anfrage, bei Änderung grundsätzlicher Bedingungen
- nach einer Reklamationsbearbeitung, nachdem ein Problem (endlich) behoben worden ist

Vor allem, wenn es Ärger gegeben hat, kann ein Nachfassbrief das Verhältnis nachhaltig positiv beeinflussen.

Nachfassbrief

Liebe Frau Webermeier,

als ich Sie am 14. November besuchte, haben wir besprochen, welche Möglichkeiten es für die Gestaltung Ihrer Terrasse gibt. Konnten Sie sich inzwischen für eine Variante entscheiden? Ich stelle Ihnen die verschiedenen Möglichkeiten gerne noch einmal im Detail vor, wenn Sie eine weitere Entscheidungshilfe wünschen. Rufen Sie mich an?

Freundliche Grüße

TUN

- Machen Sie schon im Betreff ganz deutlich, worauf Sie sich beziehen.
- Kommen Sie sofort zur Sache.
- Vermeiden Sie bei Nachfragen auf jeden Fall einen anklagenden Tonfall („Ich kann mir nicht erklären, wieso Sie sich noch nicht gemeldet haben ...") – bleiben Sie sachlich, und bieten Sie wenn möglich Zusatzinformationen oder -hilfen an, die die Entscheidungsfindung des Kunden, der Kundin voranbringen können.

Negativstil

Manchmal möchte man einfach richtig negativ formulieren: wenn man sich ungerecht oder frech behandelt fühlt oder aus einem anderen Grund wütend auf das Gegenüber ist. Das sollte man auch ruhig tun – den Brief dann aber einen Tag liegen lassen und danach wegwerfen!

Unabsichtlich kann man aber auch so formulieren, dass beim Empfänger, bei der Empfängerin des Briefes ein negativer Eindruck haften bleibt.

Kleine Wörter, große Wirkung: Kennzeichen von Negativstil sind Wörtchen wie „leider, keinesfalls, nie, nicht können, bedauern". Versuchen Sie, sie generell zu vermeiden.

Aber Wörter allein machen es natürlich nicht; sie sind vielmehr oft Ausdruck einer negativen Haltung. Stellen Sie sich zum Beispiel vor:

BRENNSITUATION

Der Sachbearbeiter Herr Schnickelhuhn bekommt eine Anfrage eines Kunden auf den Tisch. Er ist dafür nicht zuständig, und der Kollege, der sich am besten damit auskennt, weilt gerade im Urlaub.
Negativ würde er nun genau diese Informationen an den Kunden weitergeben („Leider ist der zuständige Kollege ...“) – wodurch die Angelegenheit nur hinausgeschoben, nicht aber erledigt wäre und man zudem noch mit Sicherheit einen verärgerten Kunden hätte.

✓ TIPP

- Sagen Sie nicht, was Sie nicht tun können, sondern was Sie tun können.
- Konzentrieren Sie sich nicht auf das Problem, sondern auf Lösungsmöglichkeiten.
- Vermeiden Sie Negativwörter wie „leider“ und „keinesfalls“.

Positiv – das heißt dann auch: kunden- und lösungsorientiert – könnte er beispielsweise so reagieren, dass er zunächst jemand anderen sucht, der in dieser Angelegenheit helfen kann. Sollte es niemand anderen geben, kann er trotzdem positiv zurückschreiben:

Antwort auf Anfrage

Ihre Anfrage vom 2. Mai 2008

Lieber Herr Lohn-Grien,

danke für Ihre Anfrage. Herr Possentrog, unser Fachmann für Hydraulikverschlingungen, ist am 1. Juni wieder zu erreichen. Ich werde Ihre Anfrage an ihn weiterleiten, und er wird sich dann gleich bei Ihnen melden.

Wenn Sie allerdings nicht bis zum 1. Juni warten können, rufen Sie mich bitte noch einmal an. Wir werden sicher eine Lösung finden.

Freundliche Grüße

Netzwerken

Netzwerken wird immer wichtiger. Kontakte, die privat und beruflich weiterhelfen, Interessengemeinschaften – all das gewinnt sowohl für den Arbeitsmarkt als auch für das Privatleben an Bedeutung. Viele erkennen, dass sie gemeinsam stärker und besser informiert sind und ihre Arbeit optimieren können, wenn sie mit anderen zusammenarbeiten. Dafür stehen auch immer mehr technische Mittel zur Verfügung:

- Mit Textverarbeitungsfunktionen wie dem Dokumentenvergleich können mehrere an einem Text arbeiten, wobei die Beiträge und Änderungen der Beteiligten durch verschiedene Markierungen kenntlich bleiben.
- E-Mail macht einen schnellen und unkomplizierten Informationsfluss auch mit weit entfernten Kommunikationspartnerinnen und -partnern möglich.
- Software wie die Mind-Mapping-Software „MindManager“ ermöglicht das gleichzeitige Bearbeiten von Texten, Maps etc. in einer Konferenz per E-Mail.

✓ TIPP

Gezieltes Netzwerken ist auch eine kreative Aufgabe. Wie könnten Sie sich zum Beispiel das Verfassen/Versenden der Geschäftskorrespondenz erleichtern? Überlegen Sie doch einmal, sich mit Kolleginnen im selben Unternehmen oder auch unternehmensübergreifend zu vernetzen. Sie könnten Textbausteinsammlungen und Informationen zu Spezialgebieten (zum Beispiel zu bestimmten rechtlichen Vorschriften) austauschen, Brainstorming-Sitzungen zu gemeinsamen Routineaufgaben/-texten abhalten, wichtige Erfahrungen teilen, eine Tipp-Seite im Intra- oder Internet aufbauen ...

→ auch: Dokumentenvergleich, E-Mail, Mind Mapping

Neue Medien

Unter den Begriff Neue Medien fallen für die Geschäftskorrespondenz vor allem E-Mail (Internet) und Fax (das ja so ganz neu nicht mehr ist ...).

So wie der PC anfangs von den meisten nur als bessere (aber kompliziertere) Schreibmaschine benutzt wurde, bietet auch die Kommunikation per Internet mehr als nur die E-Mail-Funktion. Halten Sie daher Ausschau nach Neuentwicklungen, vor allem auf dem Software-Markt. Billiger telefonieren übers Internet, Konferenz mit gemeinsamer Arbeit an ein und demselben Text per Internet, Videokonferenz übers Netz – das alles geht schon heute. Und morgen werden sich wieder ganz neue Möglichkeiten bieten.
Je mehr Medien zur Verfügung stehen, desto wichtiger wird die Auswahl des Mediums im Einzelfall. Je nachdem, ob es auf persönliche Ansprache, Schnelligkeit, Rechtssicherheit, zeitunabhängige Informationsübermittlung, Kommunikationskosten, einzelne oder viele Adressaten geht, sollte das am besten geeignete Medium ausgewählt werden.

→ auch: Auswahl des Mediums, E-Mail, Fax, Software

Nominalstil

Der Nominalstil ist gekennzeichnet durch viele Nomen und wenige Verben, die diese Nomen nur mühsam zusammenhalten können. Typischerweise handelt es sich bei den Nomen dann auch noch um Substantivierungen, also Nomen, die aus Verben abgeleitet worden sind. Ein Beispiel:

Die im Rahmen des 20-jährigen Betriebsjubiläums erfolgte Durchführung der Erhebung der Kundenmeinung zu den neuen Knack-Slips brachte niederschmetternde Erkenntnisse.

✓ TIPP

Wandeln Sie solche Konstruktionen – wenn Sie Ihnen denn einmal unterlaufen – um, indem Sie Nebensätze einführen und Substantivierungen auf ihre Verben zurückführen.

Unser Beispielsatz könnte dann zum Beispiel lauten (wenn wir auch noch Unebenheiten der Wortwahl bereinigen):

Die Erhebung der Kundenmeinung zu den neuen Knack-Slips, die im Rahmen des 20-jährigen Betriebsjubiläums durchgeführt wurde, hat niederschmetternde Erkenntnisse gebracht/brachte niederschmetternde Erkenntnisse.

oder, noch besser:

Zum 20-jährigen Betriebsjubiläum wurde auch die Kundenmeinung zu den neuen Knack-Slips erhoben/erfragt. Das Ergebnis war niederschmetternd.

Wenn man eine Verbalkonstruktion (zum Beispiel mit Nebensätzen) in eine nominale umwandelt, hat das mehrere fatale Konsequenzen:

- Man muss bedeutungsleere, inhaltlich völlig überflüssige Attribute einfügen – hier: "erfolgte Durchführung".
- Zwischen Artikel und dem dazugehörigen Nomen steht oft ein Rattenschwanz von Attributen, ein großer Teil davon auch noch Genitivattribute – hier: „Die im Rahmen des 20-jährigen Betriebsjubiläums erfolgte Durchführung."
- Die Verständlichkeit wird erheblich beeinträchtigt; solche Sätze muss man meist mehrmals lesen, um sie zu verstehen.
- Konstruktionen wie diese wirken statisch, unpersönlich – und wer möchte schon beispielweise in einer Bewerbung einen solchen Eindruck machen?

Normseite

Eine Normseite (auch: Standardseite) besteht aus 30 Zeilen zu je 60 Anschlägen, Zeilenabstand 1,5 oder 2. In Manuskriptvorgaben geht man häufig von dieser Normseite aus. Um dieses Format zu erreichen, ist es sinnvoll, keine Proportionalschrift zu wählen, sondern eine, in der jeder Buchstabe gleich viel Platz einnimmt.

→ auch: Schrift

Online-Bewerbung

→ Bewerbung

Osborn-Checkliste

→ Weihnachtsgruß

Papierdeutsch

Man nennt es auch „Amtsdeutsch“ oder „Kanzleideutsch“. Papierdeutsch enthält all die gestelzten, umständlichen und in der gesprochenen Sprache völlig ungebräuchlichen Wörter und Wendungen, die das Lesen und Verstehen erschweren und Texte aufblähen. Sie sollten heute keinen Platz mehr in der Geschäftskorrespondenz haben.

☹ LASSEN

Vermeiden Sie insbesondere:

- die bedeutungsleeren, aber nichtsdestoweniger zeit- und platzraubenden Funktionsverbgefüge (zum Beispiel: „eine Untersuchung durchführen“ statt „untersuchen“)
- Wörter, in denen etwas doppelt ausgedrückt wird (zum Beispiel: „hinzuaddieren“)
- hochgestochene Ausdrücke, die in der gesprochenen Sprache nie und nimmer verwendet würden „zwecks“, „sukzessive“)
- komplexe Substantivierungen, die den Nominalstil kennzeichnen („Die Inangriffnahme dieser Aufgabe erfolgt morgen“ statt: „Wir werden diese Aufgabe morgen in Angriff nehmen.“)

Ersetzen Sie sie durch ihre einfachen Verwandten. Einige Beispiele:

Papierausdruck	einfaches Wort
zur Ausführung bringen	ausführen
eine Prüfung durchführen	prüfen
in Abzug bringen	abziehen
Eigenverantwortung	Verantwortung
Rückantwort	Antwort
versenden	senden; schicken
zwecks	um zu
seitens	von
mittels	durch; mit

→ auch: Floskeln, Füllwörter, Nominalstil, Satzlänge, Satzstruktur

Persönlich

In jedem Unternehmen gibt es hauseigene Regelungen darüber, wer wann welche Post öffnen darf und wer nicht. Meist unterscheiden diese Regeln grob zwischen zwei Arten von Briefen: den persönlichen, vertraulichen und den klar geschäftlichen.

Die Briefe der ersten Kategorie – die meist nur vom Adressaten geöffnet werden dürfen – sind entweder durch Zusätze wie „Persönlich“ oder „Vertraulich“ ausgewiesen. Ansonsten wird meist nach der Reihenfolge der Angaben im Anschriftfeld entschieden, ob Briefe auch von der Poststelle oder zumindest der Sekretärin geöffnet werden dürfen.

Üblich ist die folgende Interpretation, an die Sie sich auch beim Schreiben von Geschäftsbriefen halten können:

- Als persönlich gelten Briefe meist dann, wenn der Name des Adressaten über dem des Unternehmens steht:

Frau
Anneliese Hackebeil
Holz GmbH

- Als eindeutige Geschäftsbriefe werden hingegen meist solche behandelt, in denen der Firmenname vor dem Empfängernamen steht:

Holz GmbH
Frau Anneliese Hackebeil

BRENNSITUATION

Wenn eine Sekretärin von Ihrem Chef bevollmächtigt wird, jede Art von Brief – auch die persönlichen – zu öffnen, sollte sie sich diese Vollmacht auf jeden Fall schriftlich geben lassen, da ihr sonst im Streitfall rechtliche Verfehlungen vorgeworfen werden können!

→ auch: Postvollmacht

Personalkorrespondenz

Personalkorrespondenz ist der Schriftwechsel mit den Mitarbeiterinnen und Mitarbeitern allgemein. Da man – zumindest in Klein- und Mittelbetrieben – die meisten täglich sieht, ist es oft sicher einfacher, miteinander zu reden, weil hier die Rückmeldung ohne Umwege und Zeitverluste läuft.

Allgemeine Informationen lassen sich als Rundbrief über das schwarze Brett verbreiten, sofern diese Form der Kommunikation in Ihrem Unternehmen üblich ist, sonst muss man die Mitarbeiter grundsätzlich auf diese Neuregelung hinweisen. Aber auch in der Personalkommunikation gibt es Anlässe, für die die Schriftform und die persönliche Zustellung unerlässlich ist: Das sind die Fälle, in denen Sie ein Beweismittel brauchen, also dort, wo ein Rechtsstreit nicht auszuschließen ist.

BRENNSITUATION

Solche Situationen sind zum Beispiel Abmahnungen und Kündigungen aus der Sicht des Arbeitgebers. Aus Arbeitnehmerperspektive können dies eine Mitteilung über eine Schwangerschaft oder eine Krankmeldung sein.

> ✓ **TIPP**
> Wir lesen immer wieder, dass angeblich „rechtssichere“ Musterbriefe für diese Fälle angeboten werden. Solche Behauptungen können unserer Erfahrung nach aber immer nur für eine kurze Zeit gültig sein, weil die Rechtsprechung sich ständig ändert. Deshalb unser Rat: Versichern Sie sich in jeder konkreten Situation, wie die aktuelle Rechtslage ist. Nur so können Sie sich wirklich sicher vor bösen Überraschungen schützen!

→ auch: Kündigung, Abmahnung, Mitteilung

Porto

→ Briefmarken/Freistempler

Postvollmacht

Vollmachten sind im Geschäftsalltag üblich. Sie erleichtern die Arbeit dort, wo Chefinnen oder Chefs viel unterwegs sind und jemanden bestimmen, der in ihrer Abwesenheit bestimmte Entscheidungen treffen darf. Mit solchen Sondervollmachten werden rechtliche Sachverhalte geschaffen.

Die Postvollmacht für Sekretärinnen (sie kann auch mündlich erteilt werden) berechtigt sie, Post, Pakete, aber auch Einschreibesendungen u. Ä. in Empfang zu nehmen.

! WICHTIG

Diese Sendungen werden bereits mit dem Empfang rechtlich wirksam und nicht erst dann, wenn der Chef sie tatsächlich sieht.

BRENNSITUATION

Bei einer Kündigung etwa kann das rechtlich relevant sein, weil hier Fristen zu wahren sind. Da die postbevollmächtigte Sekretärin eine Vertrauensperson des Arbeitgebers ist, wird sie ihre Pflichten auch in solchen Brennsituationen kennen und ihn selbst „unterwegs" zu erreichen wissen. So kann sie veranlassen, dass er sofort reagieren – und eine möglicherweise ungewollte Kündigung eventuell doch noch durch ein rasches Einlenken oder Entgegenkommen dem Kündigenden gegenüber verhindern kann.

→ auch: Persönlich

Pressemitteilung

Eine Pressemitteilung gibt man dann heraus, wenn es etwas Neues, „Nachrichtenwürdiges" zu melden gibt. Das kann ein neues Produkt, eine neue Dienstleistung sein, aber auch ein Personalwechsel in der Führungsetage, die geplante Eröffnung einer neuen Zweigstelle, ein Tag der offenen Tür, ein Firmenjubiläum, der Gewinn eines Preises, eine Auszeichnung, ein Wettbewerb, eine Sonderveranstaltung, eine Fusion etc.

Checkliste für gelungene Pressemitteilungen

- Haben Sie etwas wirklich Neues zu sagen, das die Presse interessieren könnte?
- Haben Sie die Medien und Pressekontakte herausgesucht, die für Ihre Zielgruppe in Frage kommen?
- Haben Sie die Schreibung der Namen Ihrer Pressekontakte gründlich kontrolliert?
- Haben Sie die Pressemitteilung kurz gehalten (möglichst nicht mehr als eine Seite mit breitem Rand)?
- Haben Sie einer Pressemitteilung, die nicht auf eine Seite beschränkt ist, eine Kurzfassung beigelegt?
- Haben Sie sich auf den Hauptnutzen, die Hauptneuigkeit beschränkt und den Text so einfach wie möglich gehalten?
- Haben Sie Lobhudelei, Über-den-grünen-Klee-Preisen, euphorische Bemerkungen über Ihr Produkt, Ihr Unternehmen o. Ä. vermieden?
- Haben Sie die sechs (oder: sieben) W-Fragen in Ihrer Pressemitteilung beantwortet?
- Haben Sie die Pressemitteilung nach der umgekehrten Pyramide von Nachrichtentexten gegliedert: erst das Wichtigste, dann Hintergrundinfos, dann das am wenigsten Wichtige?

- Haben Sie Ansprechpartner und alle Kontaktinformationen (Adresse, Telefon- und Faxnummer, E-Mail-Adresse, Website) gebündelt angegeben?
- Haben Sie eine interessante, neugierig machende Headline gefunden? (Tipps dazu unter Textdramaturgie)
- Haben Sie Ihre Nachricht so interessant wie möglich gemacht – durch die Wahl eines ungewöhnlichen Blickwinkels, einen lokalen Bezug, eine Anekdote, ein witziges Zitat o. Ä.?
- Haben Sie sich sprachlich nach Ihrem Zielpublikum gerichtet?
- Haben Sie zusätzliches Material – wie Fotos, CD mit Text und Abbildungen, Muster, Eintrittskarte – beigelegt?
- Haben Sie hervorgehoben, was für Ihre Pressekontakte bedeutsam sein könnte – zum Beispiel einen lokalen Bezug, einen Bezug zu einem aktuellen großen Ereignis oder zu einem bestimmten Jahrestag/Jubiläum?
- Haben Sie für Pressevertreterinnen und -vertreter, die Sie kennen, eine persönliche Notiz beigefügt?
- Haben Sie die Worte und Anschläge Ihrer Pressemitteilung gezählt und unter dem Text angegeben? (Nur wenige übernehmen Pressemitteilungen unverändert; aber die, die es tun, sind für diese Arbeitserleichterung dankbar!)

→ auch: Kreativität, Satzstruktur, Textdramaturgie, W-Fragen, Werbebrief

Protokoll

Ein Protokoll ist eine Spezialform des Berichts. Es wird vor allem als Erinnerungsstütze, eventuell auch als Beweismittel nach Tagungen, Besprechungen oder Verhandlungen gebraucht.

Es gibt wörtliche Protokolle, Verlaufs- und Ergebnisprotokolle, außerdem ausführliche und komprimierte Protokolle. Sprachlich stellt das Protokollschreiben vor allem zwei Anforderungen:

1. Man braucht dafür einen guten Fundus an Einleitungswörtern für die Darstellung der indirekten Rede, und zwar für verschiedene Arten von Äußerungen, Tonfällen und Sprachhandlungen.
   Beispiele: „sagen, meinen, raten, empfehlen, nahelegen, kritisieren, bemängeln, befürworten, anerkennen, wissen wollen, ersuchen, bestreiten, einschätzen, referieren, sprechen zu, vorbringen, zusammenfassen, darlegen, beantragen, missbilligen"
2. Die indirekte Rede verlangt die Beherrschung der dafür notwendigen Konjunktivformen.

Zwei Beispielsätze:

1. Frau Schnabel sagt, dass man den Wasserspender nicht abschaffen dürfe/darf.

2. Herr Tasse vermutet, dass die PR-Abteilung gern die Unterlagen zur Büroklammer-Affäre hätte.

- Die indirekte Rede steht meist im Konjunktiv I (hier: „dürfe").
- Wenn die direkte Rede schon im Konjunktiv II steht, bleibt er in der indirekten Rede erhalten (hier: „hätte").
- Wenn die indirekte Rede durch ein Verb des Sagens eingeleitet und noch durch „dass" gekennzeichnet wird, kann auf den Konjunktiv zugunsten des Indikativs verzichtet werden (hier: „darf").

✓ TIPP

Wenn Sie sich schon einmal am Clustering versucht haben, können Sie diese Technik auch hervorragend zum Protokollieren verwenden! Für das Protokoll selbst können Sie das Mind Mapping nutzen und statt eines Protokolls in der oben gezeigten herkömmlichen Form ein Map schreiben.

Es empfiehlt sich, mit einem Formular zu arbeiten, wenn man öfter einmal ein Protokoll verfassen muss. Formulare sind besonders für Ergebnisprotokolle geeignet und sollten dann auf jeden Fall auch Hinweise zu den Aktivitäten enthalten, die nach der Besprechung erforderlich sind, und zwar mit den Namen der jeweils Verantwortlichen.

Protokoll		
Veranstaltung:		
Datum:	Ort:	Raum:
Beginn:	Ende:	
Ziel(e):		
TeilnehmerInnen:	Verteiler:	Protokollführer/in:
Themen: TOP 1 TOP 2 ...		
Ergebnisse: TOP 1 TOP 2 ...	zu erledigen bis:	verantwortlich:
Unterschrift Protokollführer/in:		Datum:

Protokollformular

Ein Protokoll besteht in der Regel aus einem Protokollkopf und dem Inhaltsteil. Welche Informationen dort hineingehören, können Sie an unserem Muster sehen.

→ auch: Bericht, Clustering, Kreativität, Mind Mapping

PS

Das PS (Postskriptum) steht – wenn es eines gibt – am Ende des Briefes, noch unter Gruß und Unterschrift. Es kommt allerdings in der DIN 5008 gar nicht vor. Aber man sieht es in den letzten Jahren wieder häufiger, zumal man damit noch einmal eine Information, eine Aufforderung an einer exponierten Stellung im Brief unterbringen kann. Das Kürzel „PS:" setzt man heute allerdings kaum noch davor, weil hier ja – wie auch beim Betreff – die Funktion durch die Stellung eindeutig ist.

✓ TIPP

Für das PS eignen sich beispielsweise die folgenden Aussagen, Aufforderungen und Mitteilungen:

- „Bonbons" in Form von Gratisleistungen, Preisausschreiben oder Sonderangeboten. Beispiel: „Übrigens: Wir nehmen Ihre leeren Kartuschen kostenlos zurück!"
- Erinnerung an Fristen. Beispiel: „Bitte melden Sie sich noch in dieser Woche bei uns!"
- Service-Besonderheiten. Beispiel: „Sie erreichen uns per E-Mail rund um die Uhr."

- Hinweis auf neue Anschrift, neue Ansprechpartnerinnen und -partner oder die neu eingerichtete Website. Beispiel: „Besuchen Sie uns doch einmal auf unserer neuen Website: http://www.schnabeltier.de."

Weitere Ideen finden Sie beim Stichwort Letzter Satz.

☹ **LASSEN**

Da das PS schon durch die Stellung im Brief hervorsticht, sollten Sie dort auf keinen Fall Werbebotschaften platzieren, mit denen Druck ausgeübt werden soll – das ist generell unklug, aber an dieser exponierten Stelle kann es fatal sein, weil es dort besonders auffällt und gleichzeitig der letzte Eindruck ist, der dann bleibt. Vermeiden Sie also Sätze wie:

- Antworten Sie heute noch! Sonst verpassen Sie eine einmalige Chance!
- Greifen Sie zu! Morgen kann es bereits zu spät sein!

Quittung

Für Quittungen, die nicht viel Text erfordern und mit denen der Erhalt eines Geldbetrags quittiert wird, greift man am einfachsten auf einen der Quittungsblöcke im Handel zurück. So hat man gleich auch einen Durchschlag für die Akten.

✓ TIPP

Wenn Sie den ordnungsgemäßen Empfang von etwas bestätigen, gehen Sie vorher auf jeden Fall sicher, dass die Lieferung wirklich unbeschädigt und einwandfrei ist.

Speziellere und detailliertere Quittungen werden zum Beispiel bei einer Teillieferung geschrieben, beim Verkauf eines gebrauchten Gegenstandes (Auto, Möbel) oder bei einer Lieferung auf Probe.

Quittung für einen gebrauchten Schreibtisch

Quittung

Frau Maria Heppelmeier
Müllerstraße 13
00021 Schmitzhausen

hat von uns

einen gebrauchten Schreibtisch, Kiefer

wie besehen und unter Ausschluss jeglicher Gewährleistung für 120 Euro gekauft.

Die Kaufsumme haben wir in bar erhalten.

Wiesbaden, ______________________ [Datum]

______________________ [Unterschrift]

Rechenzeichen

Rechenzeichen sind die Zeichen für: Addition (+), Subtraktion (–), Multiplikation (?), Division (÷), außerdem gibt es das Gleichheitszeichen (=), das Prozent- und Promillezeichen (%), den Bruchstrich (/) und das Verhältniszeichen (÷).

Meistens werden diese Zeichen – nach der DIN 5008 – mit einem Leerschritt davor und danach geschrieben (12 + 8 = 20), abgesehen von den folgenden Fällen:

- + oder – als Vorzeichen: –12, +23
- % in einem abgeleiteten Wort: 100 %ig
- Bruchstrich: ½

→ auch: Zahlen

Rechnung

In einer Rechnung sollte die Lieferung oder Leistung genau beschrieben werden. Unbedingt gehören Angaben hinein zu:

- Waren-/Leistungsart
- Menge
- Einzelpreis (ohne und mit Mehrwertsteuer)
- Gesamtpreis (ohne und mit Mehrwertsteuer)
- Rechnungsnummer
- Lieferdatum

- Alle Angaben für den geschäftlichen Verkehr notwendigen Angaben zur eigenen Firma (z. B. Firmierung, Handelsregister, Steuernummer, Geschäftsführer, Vorstand, Bankverbindung)

Meist schreibt man auch noch etwas über die Zahlungsbedingungen hinein, manchmal auch einen Eigentumsvorbehalt. Allerdings sollten diese Angaben dann ebenso im Kaufvertrag stehen.

✓ **TIPP**

- Arbeiten Sie mit Vordrucken und PC-Formularen, sofern sie für Ihre speziellen Rechnungen sinnvoll oder aber individuell abwandelbar sind. Erstellen Sie ansonsten Rechnungsvorlagen für Ihre Korrespondenz.
- Achten Sie auf die Ausrichtung der Zahlen, sofern Sie sie nicht mit einer Tabellenkalkulation machen.
- Schicken Sie die Rechnung auf keinen Fall so ab, dass sie den Empfänger, die Empfängerin noch vor der Lieferung oder Erbringung der Dienstleistung erreicht!

Rechtschreibreform

Durch die Rechtschreibreform ist einiges im Regelwerk der deutschen Rechtschreibung systematisiert worden, und trotz einiger Ausnahmen ist die Rechtschreibung vereinfacht worden. Die Reform ist – trotz vieler hitziger Diskussionen – nun Fakt.

> **! WICHTIG**
> Verbindliche Rechtschreibregeln gelten (wie bisher auch!) nur für Schule und Verwaltung.

Checkliste: Die neue Rechtschreibung lernen und umsetzen

- Legen Sie für sich/Ihr Unternehmen die gewünschte Rechtschreibvariante fest. (Zu den Varianten: Rechtschreibung.)
- Nutzen Sie ein Lernprogramm auf CD oder als Buch. Suchen Sie danach auch in den Abteilungen für Schulkinder – diese Lernmittel sind oft didaktisch erheblich besser als die für Erwachsene!
- Schreiben Sie eigene oder Lieblingstexte um, und vergleichen Sie das Ergebnis mit dem eines (guten!) Konverters.
- Umgeben Sie sich mit neuer Rechtschreibung – in Form von Postern, konvertierten Briefen an Ihrer Pinnwand, Haftnotizen.
- Erstellen Sie Ihre eigene Wörterliste, indem Sie jedes Wort, das Sie nachschlagen, sofort notieren. In den PC

getippt, lässt sich daraus jederzeit eine aktuelle Wörterliste machen.

- Suchen Sie bei jeder Neuerung, die Ihnen auffällt, nach der passenden Regel.
- Nehmen Sie unter Zeitdruck die Hilfe externer Spezialisten und Spezialistinnen für die Umwandlung von Texten in Anspruch.

→ auch: Bindestrich, Getrennt- und Zusammenschreibung, Groß- und Kleinschreibung, Komma, Rechtschreibung

Rechtschreibung

Die Beherrschung der Rechtschreibung sollte auch für die Geschäftskorrespondenz selbstverständlich sein. Das ist zurzeit, wo noch nicht lange von alter auf neue Schreibung umgestellt wurde, gar nicht so einfach.

Da allerdings die meisten noch nicht perfekt in der neuen Schreibung sind, sondern noch lernen, und zudem vielfältige Wahlmöglichkeiten sehr viele unterschiedliche Schreibweisen nebeneinander zulassen, wird der Perfektionsanspruch zumindest für absehbare Zeit fallen gelassen werden müssen. Denn selbst wenn Sie alles nach Duden richtig schreiben, werden Sie immer noch mit anderen Schreibungen konfrontiert werden:

- weil manche aus Prinzip nicht umstellen wollen
- weil manche Unternehmen und auch die Nachrichtenagenturen eigene Regelungen aufstellen, die zum Teil den neuen Regeln widersprechen
- weil es für vieles mehrere Schreibmöglichkeiten gibt (noch ist nicht absehbar, ob sich eine bestimmte Variante durchsetzen wird, und wenn ja, welche das dann sein wird)

Heute sind einige grundsätzliche Varianten der neuen Rechtschreibung verbreitet, die alle im Rahmen der neuen Regeln liegen:

- **die konservative**
  Man ändert nur das, was geändert werden muss. Das bedeutet beispielsweise, dass man die Zeichensetzung und die Fremdwortschreibung nahezu unverändert belassen kann.
- **die progressive**
  Man ändert alles, was geändert werden kann.

Manche Unternehmen führen davon abweichende, hauseigene Regelungen ein. Allerdings sollte das vorher gut überlegt werden, weil diese eigene Variante dann ausführlich niedergelegt werden muss, damit die Mitarbeiterinnen und Mitarbeiter sie nachschlagen können.

→ Bindestrich, Getrennt- und Zusammenschreibung, Groß- und Kleinschreibung, Komma, Rechtschreibreform

Reklamation

Reklamationen oder Mängelrügen sind klassische Brennsituationen, und das in zweierlei Hinsicht: Für den Kunden brennt's, weil er sich schlecht bedient fühlt. Er reklamiert. Und für die Firma brennt's, weil sie im Begriff ist, einen Kunden zu verlieren. Sie muss durch ihre Reklamationsbearbeitung verhindern, dass der Kunde abwandert – oder ihn gar zurückgewinnen.

Da wir alle irgendwo auch Kunden sind, betrachten wir das Problem zuerst aus dieser Perspektive: Wie reklamiere ich eine Sache so, dass mir schnell geholfen wird?

☺ TUN

Mehr erreichen wir, wenn wir uns im Vorfeld der Reklamation genau überlegen, was wir erreichen wollen. Dann können wir uns den besten Weg zu diesem Ziel überlegen und auf der Sachebene verhandeln. Denn wenn auch der andere sein Gesicht wahren kann, haben wir vermutlich einen guten Helfer für die Zukunft, weil Freundlichkeit – besonders in Brennsituationen – ganz besonders haften bleibt.

☹ LASSEN

Es ist also unangebracht, den Sachbearbeiter oder die Sachbearbeiterin unflätig zu beschimpfen oder den (angeblich) Schuldigen an den Pranger zu stellen.

✓ TIPP

Je nach Grad der Verärgerung kann es sinnvoll sein, zuerst einmal ein paar Stunden oder auch eine ganze Nacht verstreichen zu lassen, bis man etwas Distanz zum Anlass des Ärgers hat, denn wir erreichen mehr, wenn wir auf der Sachebene statt auf der Emotionsebene kommunizieren. Wenn wir nämlich unsere geballte Empörung über einem ungeschulten Sachbearbeiter ausschütten, laufen wir Gefahr, dass er sich verschreckt zurückzieht und zuerst einmal versucht, seine Haut zu retten, und zwar durch Rechtfertigungen nach „oben", nach dem Motto: „Ich bin aber gar nicht schuld, das war der und der ..." Auf dieser Schiene entfernen wir uns eher vom Ziel unserer Reklamation, das – nüchtern betrachtet – doch heißen sollte: Hilfe, und zwar so schnell wie möglich! – Und nicht: Genugtuung oder „Satisfaktion". Die Zeiten der Duelle sind vorbei!

→ auch: Reklamationsbearbeitung

Reklamationsbearbeitung

Ein Kunde empfindet eine Lieferung, Dienstleistung oder Ähnliches als mangelhaft und will rasche Hilfe. Manchmal will er oder sie sich aber auch erst mal kräftig aufregen und Dampf ablassen – und erst in zweiter Linie Hilfe. Ruft dieser Kunde spontan an, brennt's. Hier ist Vorsicht geboten, wenn man größeren Schaden vermeiden will.

Etwas einfacher ist die Situation, wenn die Beschwerde in Briefform kommt. Dann müssen Sie nicht spontan reagieren, sondern haben Zeit, sich Ihre Antwort zu überlegen. Vier Dinge müssen Sie aber auch hier unbedingt berücksichtigen:

1. Verständnis, Bedauern ausdrücken
2. eine Entschuldigung aussprechen
3. für schnelle Hilfe sorgen
4. versprechen, dass so etwas nicht mehr vorkommt (und natürlich die Umsetzung dieses Versprechens kontrollieren)

Antwort auf Reklamation

Sehr geehrte Frau Petersen,

vielen Dank für Ihre Nachricht. Wir bedauern sehr, dass wir Ihnen nicht die bestellten Handtücher geliefert haben. Bitte entschuldigen Sie dieses Versehen.

Noch heute schicken wir Ihnen die richtigen Artikel zu. Als kleines Dankeschön für Ihre Mühe, uns die Falschlieferung zurückzusenden – selbstverständlich auf unsere Kosten –, legen wir Ihnen zwei passende Gästehandtücher bei.

Sie können sich darauf verlassen, dass wir unsere Lieferungen in Zukunft noch gründlicher kontrollieren werden.

→ auch: Entschuldigung

TUN

Auch hier ist einleitend ein Dank sinnvoll. Manche Sachbearbeiter sagen: „Ich kann mich doch nicht dafür bedanken, dass jemand mich auf einen Fehler aufmerksam macht!" Wir meinen: doch, das sollte man sogar, denn aus Fehlern kann man lernen! Und wenn der Kunde uns nicht darauf aufmerksam macht, sondern einfach abwandert, ist unser Arbeitsplatz gefährdet (jedenfalls dann, wenn so etwas öfter passiert)! Also sollten wir ihm wirklich dankbar sein.

Roter Faden

Ein roter Faden, der am Eingang festgebunden wird, macht es uns möglich, uns in einem Labyrinth zurechtzufinden, in dem wir ansonsten rettungslos verloren wären. Im übertragenen Sinn hilft uns der rote Faden einer logischen Argumentation, auch komplizierte Zusammenhänge zu erfassen. Der rote Faden hat also viel mit einer klaren Gliederung und einer nachvollziehbaren Gedankenführung zu tun.

✓ TIPP

Je komplexer eine Textaufgabe ist, umso mehr Zeit sollten wir in ihre Planung investieren, einen roten Faden entwickeln und einen Aufbau wählen, der klar und deutlich ist.

☹ LASSEN

Es bringt nichts, wenn wir uns in diesem Fall auf unsere Kreativität verlassen und einfach drauflos schreiben in der Hoffnung, dass wir schon irgendwo ankommen werden.

Negativbeispiel „wirre Gedankenführung"

Sehr geehrter Herr Kloiber,

wenn Sie wüssten, was hier passiert ist, Sie würden sich erschießen!

Vielleicht würden Sie es aber auch gar nicht glauben. Also, die Mauer ist eingestürzt, und alle Pflanzen sind verschüttet. Und keiner hat was gemacht, stellen Sie sich das mal vor! Nur: Der Bagger hat nicht ordentlich gearbeitet, und das hat unser Nachbar gleich gesagt. Herr Meier hat auch jemanden geschickt, der gesagt hat, dass alles in Ordnung ist. Das stimmte aber nicht. Und jetzt haben wir den Salat. Wir wollen einen neuen Garten, und zwar zügig.

Hochachtungsvoll

Das Beispiel zeigt, wie man es nicht machen sollte. Der Leser kann den Sachverhalt nicht erfassen, weil er nicht erfährt, was wann passiert ist und wer was veranlasst oder versäumt hat. Der rote Faden fehlt und auch eine klare Gliederung. Das Ziel und der Weg sollten schon vorher festgelegt werden.

✓ TIPP

Aus der Analyse des Beispielschreibens ergibt sich schon der rote Faden für einen besseren Brief:

1. Es handelt sich offenbar um eine Gartenmauer, denn von Pflanzen ist die Rede.
2. Offenbar wurde beim Errichten der Mauer geschlampt (der Bagger hat nicht ordentlich gearbeitet).
3. Der Nachbar (sein Name wäre in diesem Zusammenhang sinnvoll) hat das gleich beanstandet (Datum angeben; Medium: Brief, Telefonat?),
4. und Herr Bauer (der Architekt oder der Baustellenleiter?) hat jemanden (wen? In welcher Art war derjenige qualifiziert, die Mauer zu begutachten?) geschickt, der die Beanstandung zurückgewiesen hat.
5. Offenbar hat dieser Gutachter die Mauer falsch bewertet, denn sie ist eingestürzt und hat die Pflanzen (in welchem Garten?) verschüttet (wann?).
6. Der Briefschreiber fordert einen neuen Garten, er meint aber sicher eine neue Mauer und neue Pflanzen. Es wäre hilfreich, wenn er den Schaden detaillierter benennen würde: Müssen Trümmer beseitigt werden? Können Pflanzen gerettet werden?

→ auch: Textdramaturgie

Routine

Routineaufgaben haben den Vorteil, dass man sie schnell und ohne große Mühe nach einem bestimmten Schema erledigen kann. Meist aber lähmt Routine, und oft merkt man bei solchen Aufgaben nach einer Weile nicht mehr, ob man sie wirklich effektiv erledigt.

Versuchen Sie deshalb, Routinen zu hinterfragen, um zweierlei zu erreichen: ihre Erledigung zu erleichtern und störende, lähmende, lästige Routinen abzubauen.

1. Erleichterung
   - Nutzen Sie die vielfältigen Möglichkeiten von Textbausteinen?
   - Haben Sie eine ausreichende Auswahl für alle Gelegenheiten?
   - Nutzen Sie Kontakte im Sinne des Netzwerkens auch für Ihre Textarbeit?
   - Tauschen Sie mit anderen Textbausteinen und Tipps?
2. Effektivierung
   - Sind Sie immer auf der Suche nach neuen Sichtweisen auf Ihre Arbeit?
   - Nehmen Sie sich Zeit für kreative Überlegungen, auf welche Arbeiten/Texte Sie eventuell ganz verzichten können – zum Beispiel durch die Nutzung eines anderen Mediums, durch Kombination verschiedener Briefsorten, durch die zeitliche Verlagerung von umfangreichen Aufgaben (Tipps dazu unter Weihnachtsgruß)?

- Nutzen Sie die Möglichkeiten zum Beispiel von Mind Mapping, um neue, vielleicht bessere und interessantere Arbeitsmethoden auszuprobieren und um frischen Wind in Routinen zu bringen?
- Und noch einmal: Nutzen Sie Potentiale von Netzwerken?

→ auch: Kreativität, Mind Mapping, Netzwerken, Weihnachtsgruß

Rücksendung
→ Reklamation

Rücktritt
Die Möglichkeit, von einem Vertrag zurückzutreten, kann sich entweder aus dem Vertrag selbst oder aus dem Gesetz ergeben. Aber auch außerhalb der festgelegten Möglichkeiten kann der Wunsch nach einem Rücktritt entstehen, zum Beispiel in Fällen wie diesen: Ein Kunde möchte den Mietvertrag für ein Kopiergerät vorzeitig auflösen, weil es sich für ihn nicht rentiert; oder ein Unternehmen möchte wegen einer Umstellung der Produktion von einem Liefervertrag zurücktreten.
Wenn es von seiner Kulanz abhängt – wie im Beispielfall –, kann der Verkäufer/Vermieter zustimmen, ablehnen oder eine Kompromisslösung vorschlagen.

BRENNSITUATION

Vor allem bei guten und langjährigen Kundinnen und Kunden sollte man einen solchen Wunsch nur ablehnen, wenn es unbedingt nötig ist.
Wenn Sie einen Rücktrittswunsch ablehnen müssen, bringen Sie Ihr Bedauern darüber angemessen zum Ausdruck. Geben Sie außerdem eine gute und ausführliche Begründung, warum Sie so entschieden haben – vor allem langjährige Kundinnen und Kunden können das erwarten. Und wer weiß, ob die Geschäftsbeziehung in der Zukunft nicht wieder aufgenommen werden kann? Bei harscher und unbegründeter Ablehnung sinken die Chancen dazu allerdings auf Null – und eventuell erzählt der verärgerte Kunde, die Kundin sogar anderen potentiellen Geschäftspartnern von Ihrem Verhalten!

Rücktrittswunsch

Aufhebung des Liefervertrages vom ...
Kundennummer 9274

Sehr geehrte Frau Schwimmer,

seit vielen Jahren unterhalten wir ausgezeichnete Geschäftsbeziehungen, die hoffentlich durch mein heutiges Anliegen nicht getrübt werden.

Die Ansprüche unsere Kundinnen und Kunden haben sich in der letzten Zeit deutlich gewandelt. So erwarten sie heute von unseren Produkten, dass sie nicht nur qualitativ hochwertig sind, sondern auch hohe Standards der Umweltverträglichkeit erfüllen. Deshalb haben wir uns entschieden, unsere Produktion komplett von Metall- auf Kunststoffverschalungen umzustellen.

Bitte entsprechen Sie unserem Wunsch nach Aufhebung unseres Liefervertrages für Weißblech – wir hoffen auf Ihr Verständnis für unsere Situation.

Freundliche Grüße

→ auch: Absage, Bitte

Satzlänge

Wenn Texte schwer verständlich sind, wird (neben der Wortwahl) oft die Satzlänge als Ursache des Übels ausgemacht. Manche befinden, dass Sätze mit mehr als 9 Wörtern unverständlich werden – andere setzen 13 oder 25 Wörter als Obergrenze an. Aber diese Angaben machen keinen Sinn, wenn man nicht auch die Satzstruktur einbezieht: Sie hat einen weit größeren Effekt für die Verständlichkeit als die Satzlänge! So kann ein Satz mit 40 Wörtern ein unverständliches, verschachteltes Wirrwarr sein – oder ein völlig verständliches, übersichtlich strukturiertes Gebilde.

Natürlich sind auch gut strukturierte Sätze nicht in endloser Länge verträglich: Unser Auge sucht nach den Punkten am Satzende auch als Pfeiler der Orientierung in einem Text. Wenn es viele Zeilen lang nicht fündig wird, beeinträchtigt das also durchaus die Aufnahme des Geschriebenen.

→ auch: Satzstruktur

Satzstruktur

Die Verständlichkeit eines Satzes wird weniger von der Satzlänge als von der Satzstruktur bestimmt. Zwei Verständlichkeitshemmer treten dabei besonders häufig auf: Verschachtelungen und Nominalstil.
Verschachtelte Sätze, die das Verständnis beeinträchtigen, zeichnen sich dadurch aus, dass zusammengehörige Teile mehrfach und weit auseinandergerissen werden. Beispiel:

Diesen Vorschlag habe ich aus der Überlegung heraus gemacht, dass Sie, wenn Sie bis zum 12. Oktober den Schreibtisch, den ich Ihnen empfohlen habe und der qualitativ nichts zu wünschen übrig lässt, bestellen, 80 Euro sparen können.

Die zusammengehörigen Teile sind weit verstreut und müssen im Extremfall (der dass-Satz) gegen mehrere Einschübe antreten. Die Struktur des Beispielsatzes, schematisch dargestellt: A, B1, C1, D, C2, B2. Kein Wunder, dass

man sich darin bei einmaligem Lesen kaum zurechtfinden kann!
Mit denselben Wörtern – 36 an der Zahl – kann man hingegen auch einen verständlichen Satz bauen, indem man einfach Zusammengehöriges zusammenbringt:

Diesen Vorschlag habe ich aus der Überlegung heraus gemacht, dass Sie 80 Euro sparen können, wenn Sie bis zum 12. Oktober den Schreibtisch bestellen, den ich Ihnen empfohlen habe und der qualitativ nichts zu wünschen übrig lässt.

✓ TIPP

Die Übersicht über die Satzstruktur können Sie auch entscheidend verbessern, indem Sie kreativen Gebrauch von den zur Verfügung stehenden Satzzeichen machen. Wenn verschiedene Einschübe und andere Elemente nicht nur durch Kommas, sondern auch durch Gedankenstriche oder Klammern kenntlich gemacht werden, können die Lesenden diese Elemente schon optisch auseinanderhalten!
Aber Vorsicht: Extreme Verschachtelungen sollten trotzdem vermieden werden – kreative Zeichensetzung allein kann keine Verständlichkeit herstellen!

Besser wäre es allerdings, wenn man so umformuliert, dass es nicht mehr drei Stufen der Abhängigkeit gibt (Vorschlag, dass, wenn). Außerdem lassen sich einige inhaltliche Schwammigkeiten bereinigen. Beispiele:

- Ich habe Ihnen diesen Schreibtisch deshalb empfohlen, weil er qualitativ nichts zu wünschen übrig lässt. Sie können nun sogar 80 Euro sparen, wenn Sie ihn bis zum 12. Oktober bestellen.
- Diesen Vorschlag habe ich aus der Überlegung heraus gemacht, dass Sie 80 Euro sparen können – wenn Sie bis zum 12. Oktober den Schreibtisch bestellen, den ich Ihnen empfohlen habe. Er lässt qualitativ nichts zu wünschen übrig.

→ auch: Nominalstil, Satzlänge

Satzzeichen

→ Gedankenstrich, Klammern, Komma, Satzstruktur, Zeichensetzung

Schrift

Durch den PC haben wir heute die Wahl zwischen tausenden von Schriften in allen möglichen Größen. Wenn es aber – wie im Geschäftsbrief normalerweise – auf gute Lesbarkeit ankommt, ist die Wahl einer sowohl häufig zu sehenden als auch leicht lesbaren Schrift sinnvoll. Die meisten Geschäftsbriefe sind daher in Times, Courier, Arial, Helvetica oder Futura geschrieben.

Wenn es bei einem Brief aber weniger auf gute Lesbarkeit ankommt – das kann zum Beispiel bei formlosen Einladungen, Dankschreiben, Grüßen oder Glückwünschen der Fall sein –, können Sie ruhig in die Schatzkiste der Schriftarten greifen. Die Palette reicht von grob gezimmerten Buchstaben aus Holzlatten (für eine Western-Party zum Beispiel) über schneebedeckte Buchstaben (beispielsweise für einen Weihnachtsgruß) bis zu mit verlaufendem Blut geschriebenen Buchstaben (für einen Gruß aus Transsylvanien?).

! WICHTIG

Wenn Sie Manuskripte abgeben, für die eine bestimmte Anschlagzahl pro Zeile vorgegeben ist (Normseite), sollten Sie keine Proportionalschrift wählen. Bei einer Proportionalschrift nehmen die Buchstaben nämlich unterschiedlich viel Raum ein: „i" braucht dort zum Beispiel weniger Platz als ein „m". Die gebräuchlichste Schrift für Manuskriptseiten ist Arial oder Courier.

✓ TIPP

Beschränken Sie sich aber bei sehr schwer lesbaren Schriften auf eine Überschrift oder ein bestimmtes Wort, und verfassen Sie den Rest „augenfreundlich".

Für die Schriftgröße gilt ebenfalls wieder das Lesbarkeitskriterium; die DIN 5008 empfiehlt daher für fortlaufenden Text, keine Schriftgrößen unter 10 Punkt zu verwenden. 10 und 12 Punkt sind generell die üblichsten Größen, die allerdings je nach Schrift sehr unterschiedlich ausfallen.

Im normalen Geschäftsbrief gibt es eigentlich keine Notwendigkeit für unterschiedliche Größen – das Layout ist so angelegt, dass alles auch in einer Größe übersichtlich und ansprechend wirkt. Aber auch in anderen Texten sollten Sie sparsam mit unterschiedlichen Größen sein, sonst wirkt der Text – vor allem bei vielen Größenwechseln – sehr unruhig.

☺ TUN

Achten Sie vor allem darauf, dass sich die verschiedenen Größen deutlich voneinander unterscheiden: Unterschiede von nur einem Punkt sind kaum zu sehen, solche von zwei Punkten schon besser! Ansonsten riskieren Sie, dass sich die Lesenden durch die Größenhierarchien (die ja oft gleichzeitig auch Überschriftenhierarchien sind!) nicht hindurch finden.

Schriftart

→ Schrift

Schriftgröße

→ Schrift

Seitennummerierung

Wie die Seitennummerierung bei Briefen funktioniert, erfahren Sie beim Stichwort Folgeseiten.

Bei anderen Texten können Sie jede Art von Seitennummerierung nutzen, die Ihnen Ihr Textverarbeitungsprogramm anbietet, zum Beispiel: Seite 1 von …, Kap.1 S. 1, 1.1, Seite 1, Seite -1-, 1, -1-, a, -a-, A -A-, i, -i-, bbb, -bbb-.

Bei der Auswahl der Platzierung stehen Ihnen jede Ecke, oben und unten Mitte oder auch wechselnde Ecken für linke und rechte Seiten zur Verfügung. Auf zwei Dinge sollten Sie dabei aber achten:

✗ VORSICHT

- Wenn Sie einen Kopf- oder Fußtext auf jeder Seite haben, sollte die Seitenzahl nicht direkt darunter bzw. darüber stehen – sie fällt dort nicht genug auf.
- Bei einseitig bedruckten Blättern sollte die Seitenzahl nicht an der Seite stehen, an der die Blätter zusammengeheftet oder gebunden werden (in der Regel links bei Hoch-, oben bei Querformat).

→ auch: Folgeseiten

Seitenränder

Nach der DIN 5008 liegt der Zeilenanfang bei 24,1 mm vom linken Blattrand. Das maximale Zeilenende wird dort mit 201,9 mm von der linken bzw. 8,1 mm von der rechten Blattkante angegeben. Tatsächlich wird der rechte Rand meist breiter gewählt, so dass sich eine Zeilenlänge ergibt, die noch gut zu überschauen und zu erfassen ist. Ein rechter Rand von ebenfalls 24 oder auch 30 mm ist üblich.

! WICHTIG

Achten Sie nur darauf:

- dass der untere Rand eher höher als der obere ausfällt
- dass auf einer Seite ein breiter Rand von mindestens 4 cm bleibt (für Korrekturen und Anmerkungen)
- dass auch ein ausreichender linker Rand bleibt (da viele Unterlagen geheftet werden)

Die Einrichtung des oberen Randes richtet sich danach, ob Sie einen Briefkopf in das Blatt integrieren. Bei Briefblättern ohne Aufdruck sieht die DIN 5008 die erste Absenderzeile bei 16,9 mm von der oberen Blattkante vor. Der untere Zeilenrand kann natürlich unterschiedlich ausfallen. Planen Sie in jedem Fall den Platz für den Hinweis auf die Folgeseiten oder einen Fußtext ein, wenn Sie Gebrauch davon machen. Ansonsten sollten Sie – um die Übersichtlichkeit nicht zu gefährden – das Blatt aber auch nicht bis zum unteren Rand vollschreiben, sondern einen eher höheren Rand lassen als oben (das wirkt optisch tatsächlich ausgewogener als gleich hohe Ränder – probieren Sie es einmal aus!).

Bei Manuskripten, die auf der Basis von Normseiten gestaltet werden sollen, sind in der Regel die Ränder nicht vorgegeben. Sie ergeben sich im Wesentlichen ja schon durch die Vorgabe von 30 Zeilen zu je 60 Anschlägen, außerdem durch die Wahl der Schrift und den Zeilenabstand.

→ auch: DIN 5008, Normseite

Semikolon

Das Semikolon gehört wie der Doppelpunkt, der Gedankenstrich und die Klammern zu den oft vernachlässigten Satzzeichen, die aber einiges leisten können.

Viele schreckt wohl ab, dass seine Funktion etwas schwammig umschrieben wird: Es soll weniger stark trennen als ein Punkt, aber mehr als ein Komma. Das bedeutet einerseits, dass es stilistische Freiheit bei der Verwendung des Semikolons gibt – Sie können selbst entscheiden, wofür und in welchem Maße sie es einsetzen.

Es bedeutet außerdem, dass der Kontext bedeutsam ist: Die Gewichtung und die Gliederung eines Textes bestimmen, an welcher Stelle welches Zeichen passt.

Für die Übersichtlichkeit mancher komplexer Sätze ist das Semikolon nahezu unverzichtbar, ebenso für die Strukturierung ausführlicher Aufzählungen – sofern man keine Gliederungsform mit Spiegelstrichen o. Ä. wählt. Zwei Beispiele:

- Ich habe in dem Chor vieles gelernt: wie man den richtigen Ton trifft; wie man herausfindet, in welcher Stimmlage man am liebsten singt; warum man jemanden braucht, der eine Stimme führt; und wie schön es ist, Applaus zu bekommen.
- Sie nahm sich endlich einmal die Ablage vor und sortierte: Rechnungen, Quittungen, Belege; Zeitschriftenartikel, Buchauszüge; Gruß- und Glückwunschkarten; Heftklammern, Pins und Klebeband.

→ auch: Doppelpunkt, Gedankenstrich, Klammern, Kreativität, Zeichensetzung

Situation

Mit diesem Stichwort ist der Zusammenhang, das Umfeld oder der Kontext gemeint, in dem Kommunikation stattfindet. Die Sprache, die wir verwenden, muss der Situation angemessen sein. Ein Beispiel:

Das Kollegium einer Schule will dem Schulleiter im Rahmen der alljährlichen Abschlussfeier ein Neonschild für die Eingangstür zum im Keller gelegenen Schulzoo schenken, der auf seine Initiative zurückgeht. Leider gibt es bei der Herstellerfirma Probleme, so dass das Neonschild nicht rechtzeitig fertig ist. Eine peinliche Sache? Wie man's nimmt. Ein Chemielehrer hält die Rede.

Er steigt ein, indem er darauf hinweist, warum man sich für den Schriftzug „Zoo" entschieden hat und nicht für „Zoologischer Garten", womit er beim Thema Kosten für Handarbeit ist. Mit dem Hinweis auf Handarbeit hat er schon auf mögliche Probleme hingearbeitet. Dann holt er zu einer chemikalischen (sein Fachgebiet) Erläuterung des Neons aus, kommt aber – bevor es langweilig wird – auf die Flüchtigkeit des Stoffes zu sprechen, der, kaum dass man ihn wahrgenommen hat, auch schon wieder weg ist. Mit dem Satz: „Und wie mit dem Neon, so ist es auch mit Ihrem Geschenk: Es ist nicht da!" bringt er nicht nur die Lacher auf seine Seite, er hat ein positive Stimmung hergestellt, die genug Raum für eine Erklärung lässt. Die Situation ist angemessen berücksichtigt und damit gerettet. Bei einem anderen Publikum hingegen wären Erläuterungen über Neon völlig fehl am Platz gewesen.

→ auch: Angemessenheit

Smiley

Der Kommunikation im Internet, die ein Zwischending zwischen geschriebener und gesprochener Sprache ist, fehlen einige Merkmale, die gesprochene Sprache erst verständlich machen: Gestik und Mimik des Gegenübers, Tonfall und Betonung.

Smiley	Bedeutung	Smiley	Bedeutung
:-)	glücklich	:-(	traurig
:-e	enttäuscht	:-o	schockiert
:’-(	weinend	:-p	ironisch, scherzhaft
)	breit grinsen	:-@	schreiend
:-t	ärgerlich, böse	;-)	zwinkernd
:-@	schreiend	:-V	rufend
.-#	Kuss	.-X	Kuss

✗ VORSICHT

Im Internet lernt man schnell, wie viel diese nonverbalen Elemente zur Verständlichkeit beitragen – und wie schnell es durch ihr Fehlen zu Missverständnissen kommt, die oft nur schwer wieder auszuräumen sind!

Als Ersatz für nonverbale Elemente wurden die Akronyme und Smileys geschaffen. Der andere Name der Smileys – „Emoticons" – weist auf diese Funktion hin: Er ist eine Zusammensetzung aus „emotion" (Gefühl) und „icon" (Zeichen). Smileys liest man mit nach links geneigtem Kopf. Eine Auswahl:

✓ TIPP

Im Internet gibt es unter der Adresse http://www.netlingo[u1].com ein ausführliches Internet-Wörterbuch, in dem unter anderem Hunderte von Smileys und Akronymen verzeichnet sind. Dort kann man sich auch ein Taschenwörterbuch herunterladen – es bleibt in einem eigenen kleinen Fenster sichtbar, solange man im Netz ist, und gesuchte Begriffe können darin direkt nachgeschlagen werden.

→ auch: Akronym, E-Mail, Internet

Software

Dass Sie Ihre Geschäftsbriefe mit einer Textverarbeitungssoftware schreiben, ist heute schon fast sicher anzunehmen. Jedes dieser Programme bietet zahlreiche Funktionen, mit denen man Formatvorlagen einrichten kann (Vorsicht: Die vorinstallierten entsprechen in der Regel nicht der DIN

5008!), Adressen mit (Serien-)Briefen mischen, Textbausteine definieren und einfügen, Rechtschreibung und zum Teil auch Grammatik überprüfen und vieles mehr.

Doch die meisten Nutzer kennen keineswegs alle Funktionen ihrer Textverarbeitung, die ihnen die Arbeit allein oder auch mit anderen erleichtern können. Hier nur eine kleine Auswahl (die Bezeichnungen können je nach Programm variieren!):

- Textinformationen: Wörter, Zeichen, Sätze und Absätze zählen, durchschnittliche Wort- und Satzlängen ermitteln
- Dokumentenvergleich für das übersichtliche Arbeiten mehrerer Personen am selben Text (Netzwerken)
- Blitzkorrektur für typische Vertipper und als Hilfe beim Umsetzen der neuen Rechtschreibung (Rechtschreibreform)
- Einfügen von Lesezeichen zur besseren Orientierung in langen Texten
- Textangaben: umfangreiche Hilfsangaben zu einem Text eingeben, die vor allem bei vielen Dateien das Finden der richtigen erleichtern

Viele Funktionen lassen sich darüber hinaus bei kreativem Einsatz „zweckentfremden", wie zum Beispiel die Blitzkorrektur zur Umsetzung der neuen Rechtschreibung.

Besonders für Word kann man eine Menge an Zusatzsoftware bekommen. Ob Musterbriefe für jeden denkbaren

Anlass und in zig verschiedenen Sprachen, Formulare oder Rechtschreibprüfung nach neuen Regeln: Suchen Sie von Zeit zu Zeit gezielt nach Vorlagen und Arbeitshilfen!

Abgesehen davon gibt es immer mehr Programme, die Ihnen bei Ihren Textaufgaben in vielerlei Hinsicht helfen können.

✓ TIPP

Hier nur einige wenige Anregungen – halten Sie die Augen für Neuerungen auf dem Markt offen!

- Mind-Mapping-Software (zum Beispiel „MindManager" von Mindjet) kann Ihnen nicht nur bei der Planung komplexer Texte und anderer Aufgaben helfen. Sie können damit auch Maps als Protokolle oder Handouts für Vorträge, Präsentationen etc. gestalten und außerdem – mit „MindManager" – übers Internet mit anderen am selben Map arbeiten.
- Es sind zahlreiche gute Lernprogramme zur neuen Rechtschreibung auf dem Markt – suchen Sie danach am besten erst einmal in der Kinder-/Schülerabteilung!
- Fremdsprachenlernprogramme machen Sie fit für fremdsprachliche Korrespondenz und fürs Telefonieren. Besonders empfehlenswert und mit hohem Spaßfaktor: die alte, aber immer noch ungeschlagene Reihe „Multi Lingua Movie Talk" von systhema, bei der man anhand kompletter Episoden von beliebten Fernsehserien lernen kann (Columbo, Star Trek, Mord ist ihr Hobby, Beverly Hills 90210).

- Übersetzungsprogramme – Sie sollten ihre Qualität allerdings vor dem Kauf unbedingt anhand eines Probetextes prüfen!
- Zeichen- und Präsentationsprogramme bieten Ihnen Möglichkeiten zur grafischen Darstellung (zum Beispiel von Informationen in verschiedenen Formen von Diagrammen), die Text ersetzen oder auch ergänzen können.
- Layout- und Druckgestaltungsprogramme enthalten in der Regel zahlreiche Vorlagen zur Gestaltung von Drucksachen: von der Visitenkarte bis zur Hauszeitung; außerdem jede Menge ClipArts, Symbole, Fotos, Bordüren und Rahmen.

Beim elektronischen Austausch von Texten per E-Mail kann es bei der Verwendung unterschiedlicher Textverarbeitungsprogramme zu Problemen kommen. Konvertierung zwischen Word und WordPerfect beispielsweise ist (bei vergleichbaren Versionen) in der Regel kein Problem, aber schon zwischen Mac- und PC-Usern kann es zu Schwierigkeiten kommen.

✓ TIPP

Der Ausweg: Verschicken Sie Dateien in RTF (rich text format). Im Gegensatz zum ebenfalls in der Regel mit allem kompatiblen ASCII-Format erhält RTF die meisten Formatierungen des Originaltextes.

Telefon

Das Telefon hat als Kommunikationsmedium dem Brief fast den Rang abgelaufen. Aber nur fast. Es ist erheblich schneller als ein Brief, aber auch viel flüchtiger. Wo es auf Beweiskraft ankommt, steht der gute alte Brief immer noch auf Platz 1, weil er über die Versandart (zum Beispiel Einschreiben mit Rückschein) einen zusätzlichen Punkt für sich verbuchen kann, den auch das Fax ihm nicht streitig machen kann. Ein weiterer Konkurrent ist allerdings die E-Mail, die wieder andere Vorteile hat.

Für die erfolgreiche Kommunikation am Telefon gelten ein paar Regeln, die sich aus dem Umstand ergeben, dass wir den fehlenden direkten Blickkontakt aus dem persönlichen Gespräch ausgleichen müssen.

✓ TIPP

Bei wichtigen Gesprächen: Stellen Sie sich beim Sprechen am besten hin. Sie können dann besser atmen und haben mehr Power, Ihr Anliegen kraftvoll zu vertreten. Variieren Sie Ihre Telefonbegrüßung. Versuchen Sie mal, etwas positiv anderes zu sagen als Ihre Kolleginnen und Kollegen.

- Melden: In Schulungen lernt man, dass man sich immer mit dem Vor- und Nachnamen melden soll, um Verwirrungen über das eigene Geschlecht zu vermeiden, die vielleicht durch technische Verzerrungen der Stimme entstehen mögen. Wer einen schwer verständlichen Namen hat, sollte ihn geschickt wiederholen. Ist es in Ihrem Unternehmen üblich, den Firmennamen mit zu nennen? Dann sollten Sie auch das tun. Eine weitere wichtige Maxime in Schulungen: Geben Sie Ihrem Gegenüber das Gefühl, dass Sie ganz für sie oder ihn da sind. Das hört sich dann etwa so an:
  „Dorfsparverein Üdelhofen, Siefert, Ursula Siefert ist mein Name, einen schönen guten Tag. Was kann ich für Sie tun?"
  Und tatsächlich, wir „hören" die Dame am anderen Ende lächeln. Ich persönlich zucke immer ein wenig zusammen, wenn ich so begrüßt werde, weil sich dieses Melden für meine Ohren recht gekünstelt anhört, dass ich mitunter schon gefürchtet habe, gleich werde mir Telefonsex angeboten. Ich finde: Ein Mittelweg ist erstrebenswert, der sich nicht auswendig gelernt anhört. Lächeln Sie, aber verausgaben Sie sich nicht. Melden Sie sich langsam. Und: Vermeiden Sie es, mehrere Namen hintereinander zu sprechen, sonst riskieren Sie trotz Wiederholung, dass Ihr Gegenüber Sie mit Frau Üdelhofen-Siefert anredet.

- Namen: Notieren Sie sich den Namen Ihres Gegenübers, und wenn Sie ihn nicht verstanden haben, fragen Sie so lange nach, bis Sie ihn haben. Notfalls lassen Sie ihn sich buchstabieren und entschuldigen sich eher für Ihr schlechtes Gehör, als den Gesprächspartner zu bitten, seinen Kaugummi zu entfernen.
- Benutzen Sie diesen Namen dann aber auch gelegentlich, damit der Kunde sich freuen kann. Es ist erwiesen, dass man den eigenen Namen gerne hört und sich persönlicher behandelt fühlt.
- Hören Sie aufmerksam zu, ohne zu unterbrechen. Und falls Unklarheiten bleiben, klären Sie die durch geschicktes Nachfassen.
- Bleiben Sie auf der Sachebene, besonders wenn Ihr Gesprächspartner (zum Beispiel im Reklamationsfall) versucht, Sie auf die emotionale Ebene zu ziehen. Folgen Sie ihm nicht.
- Falls das Gegenüber nicht bereit ist, sich auf der Sachebene zu einigen, müssen Sie ihm die Gelegenheit einräumen, seinen Ärger loszuwerden. Lassen Sie ihm Zeit dazu, und wenn Sie das Gefühl haben, er hat sich beruhigt, versuchen Sie es wieder auf der Sachebene. Wenn Sie feststellen, dass er noch nicht so weit ist, geben Sie ihm nochmals Raum zum Dampfablassen, so lange, bis er bereit für eine sachliche Diskussion ist. Aber seien Sie vorsichtig mit Schuldeingeständnissen, außer wenn Sie

sich ganz sicher sind, dass Sie einen Fehler begangen haben. Ansonsten entschuldigen Sie sich eben nur dafür, dass der Kunde Ärger hatte.

- Wenn auf der Sachebene geklärt ist, was getan werden soll, stellen Sie das abschließend noch einmal unmissverständlich dar.
- Ein positiver Abschied bleibt ebenso im Gedächtnis haften wie ein schlechter Abgang. Denken Sie daran.

→ auch: Auswahl des Mediums, Brief, Fax, E-Mail, Kommunikationstempo

Telefax

→ Fax

Textbausteine

Textbausteine kann man im kleinen Rahmen verwenden, indem man kurze Textstücke (zum Beispiel Anrede, Gruß oder eigene Anschrift) als Makro oder über die Abkürzungsfunktion der Textverarbeitung eingibt und auf Tastendruck oder durch die Eingabe einer Abkürzung verfügbar macht.

Im großen Rahmen können Sie Ihre gesamte Korrespondenz mit allen möglichen Varianten in Textbausteinen organisieren.

Der Vorteil: Sie müssen Briefe für wiederkehrende Vorgänge nicht jedes Mal neu schreiben, sondern können auf bereits gespeicherte Textabschnitte zurückgreifen und diese für jeden Einzelfall entsprechend aussuchen.

Nachteile: Textbausteine erstellen macht erst einmal viel Arbeit. Und je größer die Sammlung wird, desto mehr Arbeit muss man auch in die Organisation dieser Textbausteine stecken, damit man nicht die Zeit, die man sonst zum Schreiben gebraucht hätte, nun für das Suchen nach den richtigen Textbausteinen verschwendet. Aber diese Nachteile können Sie auffangen, wenn Sie einige Grundlagen beachten:

Checkliste für den Aufbau eines Texthandbuchs

- In einem ersten Schritt sortieren Sie nach Themen: Mahnung, Angebot, Widerspruch, Lieferverzug etc.
- Sichten Sie Ihr Material, und legen Sie fest, welche Texte davon Standardbriefe werden könnten und welche kürzere Textbausteine.
- Formulieren Sie an den Texten und Bausteinen herum, bis Sie vollkommen zufrieden damit sind – eventuell auch im Austausch mit anderen (? Netzwerken). Lesen Sie sie auch mehrmals gründlich Korrektur – Fehler finden sich schließlich in jedem Brief wieder, für den Sie den fehlerhaften Baustein verwenden!

- Ordnen Sie die Texte endgültig nach Sachthemen, und legen Sie Oberbegriffe fest, unter denen sie im Texthandbuch sortiert werden sollen.
- Untergliedern Sie die Oberthemen, um handliche Kategorien für Ihre Textbausteine zu haben. Das Thema Angebot könnte beispielsweise so unterteilt werden: Betreff, Einleitungssätze, Dank, Produktbeschreibung/-werbung, Schlusssätze, Grußformeln, Anlage, Fußnoten.
- Vergeben Sie nun für jeden Textbaustein einen Kurzkode, unter dem Sie ihn aufrufen können. Zur Kodierung beziehen Sie sich auf die Ober- und Untergliederungspunkte.
- Erarbeiten Sie Ihr Texthandbuch.

✓ TIPP

- Bauen Sie die Textbausteinsammlung nach und nach auf. Durchsuchen Sie jeden Brief, den Sie selbst schreiben oder den Sie bekommen, nach guten Textideen, und schreiben Sie sie heraus.
- Minimieren Sie diese Bausteinsuche durch Netzwerken: Tun Sie sich mit Kolleginnen zusammen, und tauschen Sie gelungene Formulierungen aus. Stellen Sie eine gemeinsame Sammlung zusammen, die allen Beteiligten zur Verfügung steht.
- Verwenden Sie große Sorgfalt auf die Strukturierung des Materials.

→ auch: Dank

Texthandbuch

Ein Texthandbuch enthält Textbausteine mit den dazugehörigen Speicherkodes, so dass man schnell und gezielt auf sie zugreifen kann. (Zum Aufbau Textbausteine.)

Textdramaturgie

Gibt es so etwas nicht nur bei literarischen Texten? Keineswegs: Der Aufbau eines Textes, die gezielte Dosierung der Informationen, Spannungsaufbau und Pointen – das alles hat auch in der Geschäftskorrespondenz seinen Platz. Am deutlichsten wird das beim Werbebrief – aber auch für Bewerbungen, Angebote, Präsentationen und andere Texte kann man sich einiges bei Schriftstellerinnen und Schriftstellern abgucken. Wer auch bei der Korrespondenz immer auf der Suche nach neuen, kreativen Ideen ist (Kreativität), wird hier auch für andere Brief- und Textsorten Anregungen finden.

Um die Prinzipien der Textdramaturgie zu verstehen, sollte man sich Witze anschauen. Die wichtigste Erkenntnis daraus: Man sollte Spannung erzeugen, um zum Weiterlesen zu reizen. Das erreicht man zum Beispiel so:

TUN

- Keine unnötigen, überflüssigen Informationen geben – besser noch etwas Wichtiges offen lassen.
- Den ersten Satz kurz halten – nicht zu viele Infos hineinpacken.
- Fragen bei den Lesenden provozieren (= Spannung erzeugen) – durch die Kombination scheinbar nicht zusammenpassender Dinge. Beispiel: „Montags durchwühlt der König immer die Mülleimer vor dem Schloss."
- Statt Einleitung – Hauptteil – Schluss so strukturieren: Hauptteil 1 – Einleitung – Hauptteil 2 – Schluss.

Dieser letzte Ansatz ist besonders einfach zu leisten – und hat gleichzeitig große Wirkung. Es bedeutet, dass man eine Information aus dem Hauptteil vorzieht, die idealerweise auch gleich einige Fragen aufwirft, so dass auch eine dann folgende Einleitung von dieser Spannung getragen wird. Ein Beispiel:

Als in London die Sonne unterging, lagen Romeo und Julia auf dem Teller der Queen.

Fragen: Wer sind Romeo und Julia? Sollen sie etwa verspeist werden? Was hat die Queen damit zu tun? Nun kann eine

Einleitung folgen (atmosphärische Beschreibung des Sonnenuntergangs in London oder des Esszimmers im Palast), ohne dass die Lesenden abschalten, weil sie ja nach einer Antwort auf ihre Fragen suchen und nicht wissen, wann sie kommt.

Im Werbebrief kann ein entsprechender erster Satz zum Beispiel so lauten:

Mit unserem Standmixer „Megamix" sparen Sie ein Pfund am Tag.

Ein Pfund was? Oder ist das die englische Währung? Wieso geben die das nicht in Euro an? Was steckt dahinter?

Doppelpunkt und Gedankenstrich können einen Spannungsbogen und die Ankündigung einer Antwort/Auflösung optisch unterstützen – ein weiterer Grund, die Zeichensetzung kreativer anzugehen!

→ auch: Gliederung, Kreativität

Textverarbeitung

→ Software

Titel

Dass Sie sich bemühen, die Empfängerinnen und Empfänger Ihrer Briefe richtig – also auch mit den ihnen zustehenden Titeln, Amts- und Funktionsbezeichnungen – anzusprechen, sollte selbstverständlich sein. Aber wie spricht man einen Minister, eine Verbandspräsidentin, eine Gräfin oder einen Bischof korrekt an? Es gibt so viele Möglichkeiten und unterschiedliche Fälle, dass man keine allgemeingültigen Rezepte aufstellen kann. Wenn Sie einige Tipps beachten, können Sie trotzdem immer die richtige Anrede finden:

✓ TIPP

- Besorgen Sie sich eine aktuelle Auflage eines Anredenbuches (zum Beispiel: „Protokollarischer Ratgeber, Band 1", Bundesanzeiger Verlagsgesellschaft).
- Rufen Sie im Zweifel im Sekretariat der Adressatin, des Adressaten Ihres Briefes an, und erkundigen Sie sich dort nach der richtigen Anrede.
- Wählen Sie bei Frauen die weibliche Form: „Kapitänin", nicht „Kapitän" – „Frau Fürstin X", nicht „Frau Fürst X".
- Legen Sie eine Datei oder Kartei mit den Bezeichnungen an, die Sie brauchen.

→ auch: Anrede

Uhrzeit

Die Schreibung der Uhrzeit ist auch bei uns der internationalen angeglichen worden. Nach der DIN 5008 können die Stunden und Minuten nicht mehr durch einen einfachen Punkt getrennt werden („3.20 Uhr"), sondern sollen mit Doppelpunkt geschrieben werden: 3:20 Uhr.

Unterschriften

Neben der handschriftlichen Unterschrift unter Briefen findet man oft auch eine maschinenschriftliche Wiedergabe des Namens der Unterzeichner. Die DIN 5008 sieht dafür vor:

- dass darüber Platz für die handschriftliche Unterschrift bleiben soll (3 Zeilen reichen meist aus)
- dass die maschinenschriftliche Namenswiederholung weder in Klammern geschrieben noch eingerückt oder sonstwie hervorgehoben wird

Ansonsten soll der DIN 5008 zufolge die maschinenschriftliche Wiederholung der Unterzeichnernamen innerbetrieblich geregelt werden.

Sinnvoll ist sie meist schon, denn manchmal ist das die einzige Stelle im Brief, an der der Absender, die Absenderin namentlich genannt ist – Unterschriften sind meist schlecht bis überhaupt nicht lesbar …

✓ TIPP

Schreiben Sie auf jeden Fall den ausgeschriebenen Vornamen dazu. „F. Meier" könnte entweder ein Mann oder eine Frau sein, und das kann den Antwortenden schon Kopfzerbrechen bereiten! Außerdem wird eine Namensverwechslung durch den ausgeschriebenen Namen unwahrscheinlich. („F. Meier" trifft vielleicht sogar im selben Unternehmen auf mehrere Mitarbeiter zu – Friedrich, Frauke und Fred Meier beispielsweise.)

→ auch: Unterschriftenvollmacht

Unterschriftenvollmacht

Neben der Postvollmacht werden Sekretärinnen auch Unterschriftenvollmachten erteilt. Damit erhalten sie das Recht, Post „nach Diktat" zu unterzeichnen, wenn der oder die Vorgesetzte keine Zeit mehr dafür hat. Die verschiedenen Varianten sind:

1. gez. Name des Chefs
(nach Diktat verreist)
Unterschrift der Sekretärin
(Sekretärin)
2. gez. Name des Chefs
(nach Diktat verreist)
i. A. Unterschrift der Sekretärin
(Sekretärin)

In beiden Fällen hat der oder die Vorgesetzte nicht mehr die Zeit oder Möglichkeit, den diktierten Brief noch einmal zu lesen und zu unterschreiben. Die Sekretärin hat den Auftrag, ihn trotzdem rauszuschicken. Eine kurze Begründung im Brief, warum er nicht eigenhändig unterschrieben werden konnte, kann dort sinnvoll sein, wo der Empfänger möglicherweise empfindlich ist.

Mit der Anmerkung „nach Diktat verreist" weist sich die Sekretärin als Übermittlerin des Willens vom Chef aus. Damit hat der Brief rechtliche Wirksamkeit, außer wenn in den allgemeinen Geschäftsbedingungen des Briefempfängers ausdrücklich die eigenhändige Unterschrift für die Wirksamkeit vorgeschrieben ist.

Diese Varianten:

3. i.V. Unterschrift der Sekretärin
   oder
4. ppa. Unterschrift der Sekretärin
   zeigen, dass die Sekretärin sogar Handlungsvollmacht hat. Die rechtlichen Konsequenzen sind jedoch die gleichen wie in den Beispielen 1 und 2.
   Die gleiche rechtliche Wirksamkeit hat ein diktierter Brief, der auf einen Briefbogen geschrieben wird
5. über eine Blankounterschrift des Chefs oder
6. über einen Faksimile-Stempel mit Unterschrift des Chefs

✗ VORSICHT

Bei den Varianten 5 und 6 ist allerdings besondere Sorgfalt geboten, weil sie Urkundenfälschung durch Dritte möglich machen. Deshalb hat die Sekretärin Blankounterschriften und Faksimilestempel besonders sorgfältig zu verwahren.

Die letzte Variante der Unterschriftenvollmacht ist:

7. die nachgemachte Unterschrift

Hier wird die Sekretärin vom Chef gebeten, seine Unterschrift nachzumachen. Sie tritt damit als seine Vertreterin auf und begeht keine Urkundenfälschung. Diese Variante der Unterschrift wird gelegentlich gewählt, wenn die Formulierung „nach Diktat verreist“ vermieden werden soll.

✓ TIPP

Will man sich selbst und andere grundsätzlich vor dem Missbrauch solcher Vollmachten schützen, kann man einen Passus in Verträge oder allgemeine Geschäftsbedingungen aufnehmen, dass Aufträge grundsätzlich schriftlich und eigenhändig bestätigt werden müssen, bevor sie gültig werden.

Verbalstil

→ Nominalstil, Papierdeutsch

Vereinbarung

Vereinbarungen werden oft mündlich getroffen; manchmal möchte man sie aber auch schriftlich festhalten:

- weil der Sachverhalt kompliziert ist
- weil man sichergehen will, dass die Bedingungen allseits verstanden und akzeptiert sind
- weil man einen Zusatz zu einem Vertrag formuliert, der manchmal der Schriftform bedarf, um gültig zu sein

Vereinbarungen werden zum Beispiel zu folgenden Anlässen am besten schriftlich fixiert: bei der Änderung von Termin-, Liefer- oder Zahlungsbedingungen, bei Absprachen über Sonderzahlungen oder Nachlässe, bei der Verlängerung der Probezeit, Sonderschichten und speziellen Überstundenregelungen.

! WICHTIG

Regelungen, denen beide Partner zustimmen müssen (zum Beispiel Vertragszusätze), müssen auch von beiden unterschrieben werden.

Liefervereinbarung

Liefervereinbarung
Liefertermin: 20. September ... fix

Sehr geehrte Damen und Herren,

wir bestellen bei Ihnen – wie besprochen – zur Lieferung frei Haus am 15. Juli fix (§ 361 BGB und § 376 HGB):

einen Transmodifrektor, Modell „Kosmos“, zum Preis von 1.649 Euro plus MWSt., inklusive Kosten für Verpackung und Versand und Transportversicherung.

Sie liefern den „Kosmos“ wie von uns bestellt und oben beschrieben.

Bitte schicken Sie uns eine der beiden mitgeschickten Kopien dieser Vereinbarung unterschrieben und mit Ihrem Firmenstempel versehen zurück.

Freundliche Grüße

Anlagen
2 Kopien der Liefervereinbarung

Verschachtelungen

→ Satzstruktur

Verteiler

Der Verteilervermerk kann nach DIN 5008 an folgenden Stellen im Brief platziert werden:

- am linken Rand (Grad 10, nach 24,1 mm)
- auf Grad 50, nach 125,7 mm

Seine Stellung richtet sich außerdem nach dem, was ihm vorausgeht. Er steht dann:

- nach dem Gruß: mit einem Mindestabstand von drei Zeilen
- bei maschinenschriftlicher Unterzeichnerangabe: mit einer Leerzeile Abstand
- nach einem Anlagenvermerk: mit einer Leerzeile Abstand (die Leerzeile kann bei Platzmangel auch wegfallen – dann sollte man aber eher auf die Positionierung nach 125,7 mm ausweichen)

Analog zum Anlagenvermerk wird beim Verteilervermerk das Wort „Verteiler" darüber gesetzt – ohne Leerzeile zu den folgenden Namen, eventuell fett geschrieben oder auch unterstrichen und ohne Doppelpunkt dahinter. Die Verteiler sollen darüber hinaus ohne Aufzählungsstriche aufgeführt werden.

Zum Verteiler im Protokoll schlagen Sie bitte dort nach.

Vollmacht

Eine Vollmacht ermächtigt jemanden, im Namen eines anderen zu handeln. Eine Sekretärin braucht in der Regel zumindest zwei Vollmachten von ihrem Chef: zum Öffnen der Post (Postvollmacht) und zum Unterschreiben von Briefen (Unterschriftenvollmachten).

Typische Vollmachten, die oft ausgestellt werden, sind außerdem:

- Bankvollmacht (zum Beispiel für Ehepartner)
- Steuervollmacht (zur Vertretung in Steuerangelegenheiten)
- Handlungsvollmacht (für Mitarbeiterinnen und Mitarbeiter)
- Inkassovollmacht

! WICHTIG

Vollmachten sollten immer schriftlich fixiert werden, damit die bevollmächtigte Person im Zweifel etwas in der Hand hat, um ihre Berechtigung zu bestimmten Handlungen nachweisen zu können. Eine Vollmacht kann jederzeit widerrufen werden. Das sollte man ebenfalls immer schriftlich tun!

Bankvollmacht

Ich – Hannah Zaster, geboren am 14. Januar 1985, wohnhaft Münzstraße 32, 00032 Knetenhausen – erteile meinem Ehemann Dagobert Zaster Vollmacht über das auf meinen Namen laufende Konto 8627328 bei der Kohle-Bank in 00032 Knetenhausen, BLZ 000 111 22.

Mein Ehemann kann ohne Einschränkung über dieses Konto verfügen.

______________________ *[Ort],* ________________ *[Datum]*

________________________________ *[Unterschrift]*

→ auch: Postvollmacht, Unterschriftenvollmachten

Weihnachtsgruß

Weihnachtsgrüße gehören für viele zu den eher lästigen Routineaufgaben: Sie sind in einer Zeit fällig, in der sowieso schon Hektik herrscht, und sie müssen in der Regel in großer Zahl verschickt werden. Außerdem fallen einem (zumal unter Stress) kaum Texte und Bildmotive ein, die von den zementierten und Jahr für Jahr wiederholten Standards abweichen. Wir zeigen Ihnen hier einige Methoden, Stress in Spaß zu verwandeln und zu originellen Weihnachtsgrüßen zu gelangen, die den Empfängerinnen und Empfängern auffallen und in Erinnerung bleiben werden.

☺ TUN

- Blättern Sie in Zitatehandbüchern oder -datenbanken unter dem Stichwort „Weihnachten" u. Ä. Nehmen Sie ein Zitat, das Sie anspricht, als Ausgangspunkt für Ihren Text. Beispiele: „Ä Tännschen, please" (Carola Stern). „Weihnachten ist nur einmal im Jahr, aber das ist auch genug" (Robert Lembke).
- Stöbern Sie in einem Herkunftswörterbuch. Lassen Sie sich dadurch anregen, und stellen Sie Fragen, deren Antworten Sie dann suchen – oder auch erfinden können. Beispiele: „Dezember" – der zehnte Monat des Mondjahres (heute der zwölfte Monat: Wie kommt das zustande? Was ist ein Mondjahr?). „Sternschnuppe" – eine Schnuppe war früher der abgeschnittene verkohlte Teil des Kerzendochts, weil man das Putzen des Lichts mit dem Naseputzen verglich („schnupfen"); vgl. auch: „schnuppe sein".
- Assoziieren Sie zu Wörtern mit Weihnachtsbezug. Lassen Sie sich dabei von sprachlichen und lautlichen Ähnlichkeiten inspirieren, suchen Sie nach Wortspielen (vgl. nächster Tipp) und Redewendungen. Als Anstoß kann ein Synonymwörterbuch gute Dienste leisten. Beispiele: Stern – Sterne sehen, unter einem guten Stern stehen, Krieg der Sterne, es steht in den Sternen, Sterntaler, O-Stern, sternhagelvoll, Sternanis, die Sterne vom Himmel holen, Sternbilder, Glücksstern, Sternwarte.

- Wortspiele können Sie beispielsweise mit diesen Methoden erzeugen:
  - das Ausgangswort in seine Bestandteile zerlegen und neue Kombinationen suchen (Weihnacht – Weihtag, Sternenzelt – Zeltplatz)
  - Reime suchen (Stern: fern, gern, modern, Bern)
- Wörter wörtlich nehmen (Sternenzelt: Zelt aus Sternen mit Kometen als Heringen?)
  - klangliche Ähnlichkeiten suchen (Why Nacht?)
  - jeweils nur einen Laut oder Buchstaben ersetzen (Tannenbaum: Kannenbaum, Tannentraum, Wannenbaum)
- Machen Sie auch Bildassoziationen. Dazu eignen sich besonders Bilder mit symbolischem Charakter. Dadurch finden Sie nicht nur Text-, sondern auch gleich Bildideen für Ihre Weihnachtskarten.
  Beispiel: Suchen Sie nach Sternen. Sie könnten dabei zum Beispiel finden: das Logo der Zeitschrift „Stern", den Mercedes-Stern, einen Seestern, Sternanis, den Davidstern.
- Suchen Sie nach Bildanregungen auch in Comics, Bilderbüchern, Zeitschriften etc. Versuchen Sie auch bei völlig „unweihnachtlichen" Bildern hin und wieder, einen Bezug zu Weihnachten zu konstruieren – das trainiert Ihre Assoziationsfähigkeit, Ihr Denkvermögen und Ihre Vorstellungskraft!

Die Osborn-Checkliste ist eine Kreativitätstechnik, die Alex Osborn – der Erfinder des Brainstormings – entwickelt hat. Diese Technik (beschrieben zum Beispiel in: „Kreativitätstechniken" von Matthias Nöllke, 3. Auflage 2002, 126 Seiten, 6,60 Euro, Haufe Verlag) ist eigentlich weniger für Texte gedacht – aber kreative Menschen lassen sich davon nicht aufhalten! Für die Weihnachtskarte kann man sie sowohl auf der textlichen als auch auf der formalen Seite (Größe der Karte, Zeitpunkt des Versendens etc.) nutzen.

Jede Idee (oder bei uns auch: jedes Thema) soll für die gesamte Checkliste durchgespielt werden. Sie enthält zehn Punkte:

- Anders verwenden: Ist eine andere Gebrauchsmöglichkeit, ein anderer Einsatzort vorstellbar?
- Anpassen: Was ähnelt dieser Idee? Welche Parallelen gibt es?
- Ändern: Kann man einzelne Merkmale verändern (zum Beispiel: Geruch, Farbe, Material, Klang, Form, Größe)?
- Vergrößern: Kann man es vergrößern, verlängern, vervielfältigen? Kann man die Frequenz, den Wert, den Abstand vergrößern?
- Verkleinern: Kann man es kleiner machen, etwas entfernen, es tiefer, kürzer, leichter machen?
- Ersetzen: Kann man etwas austauschen, andere Elemente einfügen, den ganzen Prozess ändern?

- Umstellen: Kann man Teile austauschen, die Reihenfolge ändern oder gar Ursache und Wirkung umkehren?
- Umkehren: Kann man das Ganze drehen, ins Gegenteil verkehren oder spiegelverkehrt betrachten?
- Kombinieren: Kann man die Idee in Teile zerlegen oder in ein größeres Ganzes einfügen?
- Transformieren: Kann man es verflüssigen, verhärten, durchlöchern, zusammenballen?

Zur praktischen Anschauung hier einige Ideen, was 1. aus einer Weihnachtskarte und 2. aus einer bildlichen Weihnachtsidee werden kann, wenn man sie durch die Checkliste laufen lässt:

„Checkpoint"	**Weihnachtskarte**	**Bildidee**
Anders verwenden	als Gutschein, Puzzle, Telefonkarte	den Tannenbaum an einen Strand versetzen
Anpassen	als Eintrittskarte, Telefonkarte, auf CD	Sternenhimmel aus Mercedes-Sternen oder Sternanis
Ändern	mit Tannengeruch, Musikchip mit Glockenläuten	Tannenbaum ohne Nadeln, Weihnachtsmann in Badehose

„Check-point"	Weihnachtskarte	Bildidee
Vergrö-ßern	als Poster, Plakat, Katalog	Christbaumkugel so groß machen, dass nur eine an den (sich gefährlich neigenden) Tannenbaum passt
Ver-kleinern	als Briefmarke	Tannenbaum so klein machen, dass er auf einer Untertasse Platz hat und sich unter einer Kerze biegt
Ersetzen	historische Karte, Karte aus fremdem Land	Kerzen auf dem Weih-nachtsbaum durch Glüh-würmchen ersetzen
Umstellen	im Sommer versenden, Ostermotive auf Weih-nachtskarte	geschmückter Kaktus in Schneelandschaft
Umkehren	als bedruckter Um-schlag ohne Inhalt	Engel als Rocker, Weihnachtsfrau
Kombi-nieren	Kartenserie übers Jahr laufen lassen, gleich-zeitig als Einladung oder Dank verwenden	Osterhase unterm Tannenbaum
Trans-formieren	als Musikstück, Videoclip, Fotoalbum	Tannenbaum-Pudding mit Rosinen als Kugeln

→ auch: Kreativität

Werbebrief

Werbebriefe bringen viele zum Stöhnen: die einen, weil sie sich über die Papierflut ärgern und sie grundsätzlich ungeöffnet in den Papierkorb werfen, die anderen, weil sie immer wieder vor der Aufgabe stehen, mit Briefen werben zu müssen – weil nur bestehen kann, wer Werbung treibt. Oft gerät dabei leider aus dem Blickfeld, dass Werbebriefe nur ein Teilaspekt eines werbewirksamen Auftritts in der Öffentlichkeit sein können und zwangsläufig ins Leere gehen, wenn die Unternehmensrealität anders, nämlich kundenfeindlich ist.

Um einen guten Werbebrief schreiben zu können, müssen Sie schon bei der Vorbereitung verschiedene Dinge erkunden:

1. Wer ist die Zielgruppe, wie sprechen diese Menschen?
2. Welches Interesse haben sie an Ihrem Produkt oder Ihrer Dienstleistung?
3. Welche Besonderheiten haben Sie noch als Zusatznutzen zu bieten, die Sie von Ihren Mitbewerbern abgrenzen?
4. Wie können Sie Ihre Zielgruppe veranlassen, sofort aktiv in Ihrem Sinn zu werden (Antwortkarten, Einladung, Gutschein)?

Wenn Sie diese Fragen beantwortet haben, können Sie praktisch losformulieren. Dafür einige Hinweise:

☺ TUN

- Seien Sie kreativ: Grenzen Sie sich auch sprachlich positiv ab von anderen Anbietern, finden Sie einen Einstieg, der die Leser fesselt.
- Seien Sie kundenorientiert: Stellen Sie den Kunden ins Zentrum Ihrer Überlegungen und Ihres Briefs, sagen Sie „Sie wünschen“, „Sie mögen“, „Sie bekommen“, wenn möglich mit Namen, aber nicht gehäuft „wir bieten“, „ich leiste“ usw., obwohl Sie Ihre Leistung natürlich herausstellen müssen. Lassen Sie den Brief persönlich aussehen.
- Formulieren Sie positiv: „Nichts ist unmöglich“ ist besser als „Leider können wir nicht ...“
- Nutzen Sie die Betreffzeile als Aufmerksamkeitserreger und das PS unter der Unterschrift für wichtige Mitteilungen, weil diese Stellen besondere Aufmerksamkeit finden.
- Sprechen Sie alle Sinne des Kunden an, indem Sie etwas (zu Ihrer Botschaft Passendes natürlich) zum Anfassen in den Brief legen; er hat mehr Chancen, geöffnet zu werden, wenn der Kunde etwas ertastet.

Als Beispiel hier ein Werbebriefeinstieg, Zielgruppe: kleine und mittelständische Unternehmen der Region:
Wenn Ihnen beim Gedanken an Ihre Werbeaktionen die Tränen kommen, können Sie das beiliegende Papiertaschentuch benutzen. Sie können aber auch sofort zu uns kommen und sich beraten lassen …

☹ LASSEN

- Vermeiden Sie Floskeln.
- Weniger ist oft mehr: Seien Sie sparsam mit Hervorhebungen, besonders, wenn Sie alle Möglichkeiten der Textverarbeitung haben. Entscheiden Sie sich für eine oder zwei Arten von Hervorhebungen, und wechseln Sie die nur nach reiflicher Überlegung. Mit Mehrfarbdruck und Fett-, Kursivdruck, Unterstreichungen und verschiedenen Schriftgrößen verschrecken Sie Ihre Leser nur.
- Vermeiden Sie Belehrungen, Drohungen und Ironie, das macht den Kunden „klein“: Formulierungen wie „Es ist Ihnen vielleicht bisher entgangen ...“, „Da wir Sie in den letzten Monaten nicht bei uns begrüßen konnten ...“ passen noch nicht einmal mehr in eine Mahnung.

Das Taschentuch ist schon durch den Umschlag fühlbar, reizt also zum Öffnen, und der Einstieg ist so originell, dass die Chance recht groß ist, dass der Empfänger weiterliest. Das ist der erste Schritt zu einem Kundenkontakt. Wenn Sie im folgenden Brief dann noch detailliert die Vorteile nennen, die Ihr Angebot dem Kunden bringt, und eine einfache Möglichkeit zur Rückmeldung beiliegt, etwa ein Bestellschein für weitere Informationen oder für einen Besuchstermin – selbstverständlich für den Kunden kostenlos –, dann haben Sie gute Aussichten auf eine Antwort.

→ auch: AIDA, Fragen, Kundenorientierung, Textdramaturgie

W-Fragen

Im Journalismus müssen Nachrichten die sechs (manchmal auch: sieben) W-Fragen beantworten:

- Wer?
- Was?
- Wie?
- Warum?
- Wann?
- Wo?
- (Welcher Effekt?)

Tatsächlich gibt es auch in der Geschäftskorrespondenz Anlässe, zu denen man sich diese Fragen vor Augen führen und sie beantworten sollte – zum Beispiel für die Pressemitteilung.

Widerruf

Manchmal kommt man in die Situation, ein Angebot widerrufen zu müssen.

✗ VORSICHT

Das ist aber gar nicht so einfach – es sei denn, man hat sich bei der Angebotsabgabe bereits abgesichert durch Formulierungen wie „unverbindlich“ oder „so lange der Vorrat reicht“. Auch eine zeitliche Begrenzung anzugeben kann hilfreich sein: „Das Angebot ist gültig bis zum ...“

✓ **TIPP**

Problemlos hingegen kann ein Angebot widerrufen werden, bis es den Empfänger erreicht hat. Der Widerruf muss zumindest gleichzeitig mit dem Angebot eintreffen. Das lässt sich auch per Fax oder Telefon machen!

Widerruf wegen Kalkulationsfehler

Unser Angebot Nr. 2345 vom 18. März 2008

Sehr geehrter Herr Schwalbenschwanz

es sollte nicht vorkommen, aber trotzdem kann sich einmal ein Fehler in eine Kalkulation einschleichen. So ist es bei unserem Angebot geschehen:

Die gefüllten Schwalbennester (Artikelnummer 92742) kosten nicht 7,80 Euro pro Stück, wie in unserem Angebot angegeben, sondern 8,90 Euro.

Entschuldigen Sie bitte unseren Fehler. Wir berichtigen hiermit unser Angebot Nr. 2345.

Freundliche Grüße aus Meisenheim

Widerspruch

Das Stichwort macht deutlich: Hier geht es um einen Konflikt, und dem liegt meist ein rechtlicher Sachverhalt zugrunde. So kann einer Kündigung des Arbeitsplatzes widersprochen werden, die nicht fristgerecht mitgeteilt wurde. Auch Mieterhöhungen, Steuerbescheide oder nicht nachvollziehbare Heizkostenabrechnungen reizen oft zum Widerspruch.

☹ LASSEN

Wenn ein Konflikt vorliegt, ist es oft schwer, sachlich zu bleiben, besonders dann, wenn der Konfliktgegner auf der emotionalen Ebene agiert und vielleicht sogar beleidigend wird. Trotzdem dürfen wir uns nicht auf diese Ebene runterzerren lassen, denn wenn nicht wenigstens einer sachlich bleibt, kann man eigentlich auch gleich vor Gericht ziehen. Sprachliche Spitzen oder ironische Bemerkungen sollten wir vermeiden. Einleitungen wie „Es ist Ihrer geschätzten Aufmerksamkeit offenbar entgangen, dass ich Ihnen bereits dreimal mitgeteilt habe ...“ oder „Mit größten Erstaunen musste ich zur Kenntnis nehmen ...“ sind nicht geeignet, eine Einigung auf gütlichem Weg herbeizuführen.

✗ VORSICHT

Da es sich hier um Mitteilungen handelt, die möglicherweise später vor Gericht verwendet werden müssen, ist die Schriftform dringend zu empfehlen, weil sie mehr Beweiskraft hat als mündliche Äußerungen.

☺ **TUN**

Ein Widerspruch sollte rein sachlich und eher unpersönlich sein. Vermeiden Sie offene Schuldzuweisungen. Stellen Sie den Sachverhalt möglichst objektiv dar, und schlagen Sie eine Lösung vor, bei der Ihr Gegenüber sein Gesicht wahren kann. Halten Sie sich immer wieder Ihr Ziel vor Augen: Reduzierung der Heizkostenumlage, Zurücknahme der Kündigung o. Ä.

Widerspruch gegen eine Heizkostenabrechnung

Ihr Schreiben vom 22. Februar 2008

Sehr geehrte Frau Kühl,

danke für Ihre Mitteilung. Die Höhe der Heizkostenabrechnung hat mich allerdings erstaunt.

In der letzten Abrechnung vom 26. Februar 07 (für 2006) sind wir auf einen Nachzahlungsbetrag von 100 Euro gekommen, jetzt sind es 200 Euro für 2007. Das ist eine Erhöhung von 100 Prozent, die ich nicht nachvollziehen kann. Bei einer Erhöhung der Heizölpreise von 0,75 Euro pro Liter ergibt sich bei unserem Verbrauch eine Steigerung um maximal 25 Euro.

Bitte prüfen Sie die Abrechnung und schicken Sie uns eine berichtigte Version. Die werden wir umgehend begleichen.

Vielen Dank schon jetzt und freundliche Grüße

! WICHTIG
Dieser Brief ist sachlich. Der abschließende Dank und die freundlichen Grüße machen deutlich, dass dem Briefschreiber an einem freundschaftlichen Verhältnis gelegen ist.

→ auch: Einspruch, Klage, Reklamation

Win-Win-Strategie

Ein altes Kommunikationsmodell sieht vor, dass man als Sieger aus Gesprächen hervorgehen soll (Win-Lose/Gewinner-Verlierer). Das Ergebnis ist eine klare Hierarchie, in der sich derjenige durchsetzt, der die besseren Argumente – oder die härteren verbalen Ellenbogen – hat. Neuere Erkenntnisse gehen davon aus, dass Kommunikation dann nachhaltiger und erfolgreicher ist, wenn beide – oder alle – Teilnehmer als Gewinner (Win-Win/Gewinner-Gewinner oder „Jeder gewinnt") daraus hervorgehen.

Diese Gesprächsstrategie setzt voraus, dass beide Gesprächsteilnehmer nicht mit vorgefassten (oder festgefahrenen) Meinungen in das Gespräch gehen, sondern mit einem gewissen Maß an Offenheit und Neugier auf die Meinung des anderen. Ziel dieser Strategie ist es, dass gemeinsam die unterschiedlichen Argumenten geprüft werden und

eine Lösung gefunden wird, mit der alle Beteiligten zufrieden sind, weil die Bedürfnisse jedes Einzelnen nicht vernachlässigt werden.
Es gibt eine Fülle von Literatur zur Win-Win-Strategie, die auch deshalb besonders interessant ist, weil diese Gesprächsstrategie nur ein Baustein in einem veränderten Umgang miteinander ist.

Zahlen

Einfache Zahlen gliedert man von hinten in dreistelligen Gruppen: 3 439, 293 482.

Einfache Nummern werden in der Regel nicht unterteilt, genauso wenig wie Postleitzahlen:

- Nr. 39274
- 50721 Köln

Postfachnummern gliedert man von hinten aus in Zweiergruppen:

- Postfach 14 20

✓ TIPP

Am besten trennen Sie sie durch eine Leerstelle und nicht durch einen Punkt. Das ist zwar nicht falsch, kann aber im englischen Sprachraum (und bei Geldangaben auch in der Schweiz!) zu Verwechslungen führen, weil der Punkt dort die Dezimalstelle angibt.

Auf dieselbe Weise wurden bis vor kurzem auch noch Telefonnummern gegliedert; das ist jedoch jetzt anders! Sie werden nun „funktionsbezogen" gegliedert und durch Leerzeichen getrennt, also nach Landesvorwahl, Ortskennzahl, Einzelanschluss, Durchwahl. Vor der Durchwahl steht ein Bindestrich, und einzelne funktionsbezogene Teile dürfen auch fett oder farbig markiert werden (also zum Beispiel nur der Einzelanschluss). Hier einige Beispiele zur Illustration:

- 0421 48294-006
- +49 30 0004827

Kontonummern können ungegliedert geschrieben oder von hinten in Dreierschritten unterteilt werden: 3623728/3 623 728.

✗ VORSICHT

In der Schweiz gelten andere Regeln! Dort werden die ersten drei Ziffern bei einer siebenstelligen Telefonnummer zusammengefasst, die Ortsvorwahl wird nicht gegliedert: (021) 372 12 45.

Bankleitzahlen gliedert man hingegen von links nach rechts in zwei Dreier- und eine Zweiergruppe: 370 320 14.

→ auch: Bindestrich, Uhrzeit

Zeilenabstand

Die DIN 5008 sieht vor, dass Briefe einzeilig geschrieben werden, Berichte, Gutachten und andere Schriftstücke „besonderer Art“ jedoch auch mit größeren Zeilenabstand geschrieben werden können.

☺ TUN

Wählen Sie auf jeden Fall einen 1,5- oder 2-zeiligen Abstand, wenn Sie einen Text schreiben, der noch korrigiert und lektoriert werden soll. Dazu ist ausreichender Platz auch zwischen den Zeilen notwendig.

→ auch: Normseite

z. Hd.

→ Abkürzungen

Zeichensetzung

Die Zeichensetzung nach der Rechtschreibreform eröffnet eine Fülle von Wahlmöglichkeiten vor allem für die Verwendung des Kommas. Aber darüber hinaus gab und gibt es zahlreiche Freiheiten, kreativ an die Zeichensetzung heranzugehen. Man kann zum Beispiel oft vernachlässigte

Zeichen wie den Doppelpunkt, den Gedankenstrich und das Semikolon verwenden, um Spannung aufzubauen, die Gliederung sichtbar und deutlicher zu machen oder bestimmte textdramaturgische Effekte zu erzielen.

→ auch: Doppelpunkt, Gedankenstrich, Komma, Kreativität, Semikolon, Textdramaturgie

Zeugnis

Es gibt einfache und qualifizierte Zeugnisse. Beide müssen sowohl eine Ortsangabe als auch das Datum (der Ausstellung!) enthalten und eigenhändig unterschrieben werden.

Einfaches Zeugnis

Zeugnis

Frau Hannelore Wilms-Schwettelbach, geboren am 12. Januar 1973 in Wiesbaden, war vom 1. Mai 2005 bis zum 15. September 2008 als Bürohilfe in unserer Buchhaltung tätig. Frau Wilms-Schwettelbach verlässt uns auf eigenen Wunsch.

Halle, den ________________ [Datum]

Nickepp-Werke

________________________ [Unterschrift]

Das einfache Zeugnis ist meist recht kurz. Es enthält neben dem Vor- und Familiennamen des/der Beschäftigten, Geburtsdatum und -ort nur noch Angaben über die Art und Dauer des Beschäftigungsverhältnisses. Da keine Beurteilung darin vorkommt (weder der Leistungen noch des Sozialverhaltens), dient es vor allem als Arbeitsbescheinigung bei der Stellensuche.

✓ TIPP

So knapp kann ein einfaches Zeugnis durchaus ausfallen; mehr Aussagekraft erhält es allerdings, wenn man einerseits die Tätigkeiten genauer beschreibt und andererseits mit einem Dank und guten Wünschen für die Zukunft schließt.

Ein qualifiziertes Zeugnis ist ein einfaches Zeugnis, das zusätzlich Bewertungen der Leistungen und des Verhaltens enthält.

✗ VORSICHT

Solche Beurteilungen sind natürlich eine heikle Sache. Damit die Arbeitnehmerinnen und Arbeitnehmer nicht in ihrem Fortkommen behindert werden, fordern die Arbeitsgerichte, dass Zeugnisse mit „verständigem Wohlwollen“ formuliert werden. So positiv, dass sie falsch sind, dürfen sie andererseits aber auch nicht sein, da der Aussteller ansonsten von einem dadurch getäuschten neuen Arbeitgeber haftbar gemacht werden kann.

Unter anderem wegen dieses Dilemmas haben sich gewisse standardisierte Formulierungen eingebürgert – manchmal auch als „Code“ bezeichnet –, mit denen man beiden Ansprüchen genügen kann. Auch wenn man einiges dagegen einwenden kann, haben diese Standards doch ihre Vorzüge: Man kann damit schnell und präzise deutlich machen, wie man den Mitarbeiter, die Mitarbeiterin einschätzt. Hier einige der gängigen Umschreibungen:

- außergewöhnliche Leistungen
  - in jeder Hinsicht außerordentlich zufrieden
  - unsere vollste Anerkennung
- sehr gute Leistungen
  - stets außerordentlich zufrieden
  - hat unseren Erwartungen in allerbester Weise entsprochen
- gute Leistungen
  - stets sehr zufrieden
  - hat unseren Erwartungen in bester Weise entsprochen
- befriedigende Leistungen
  - voll zufrieden
  - hat unseren Erwartungen in jeder Hinsicht entsprochen
- ausreichende Leistungen
  - zufrieden
  - zu unserer Zufriedenheit

- mangelhafte Leistungen
  - im Großen und Ganzen zufrieden
  - hat unseren Erwartungen entsprochen
- ungenügende Leistungen
  - hat sich bemüht
  - hat sich mit großem Fleiß bemüht

☺ TUN

Wirklich guten Leistungen wird man aber auch mit den besten Standardformulierungen nicht gerecht. Daher sollten Sie in solchen Fällen auf jeden Fall auf Leistungen in verschiedene Bereichen und Verhaltensweisen gegenüber verschiedenen Personen konkret und einzeln eingehen. Das überzeugt weit mehr und sagt mehr aus.

Qualifiziertes Zeugnis

Zeugnis *Köln, den ______________ [Datum]*

Herr Hannes Becher, geboren am 6. Juni 1972 in Hamm, ist seit dem __________ [Datum] in unserem Unternehmen tätig.

Herr Becher kam als Trainee zu uns und absolvierte das einjährige Programm mit hervorragendem Erfolg. Er zeigte besonderes Interesse an der Personalarbeit, und wir setzten ihn nach Abschluss des Trainee-Programms dort ein.

Nachdem er ein Seminar innerhalb des Trainee-Programms im darauffolgenden Jahr durchgeführt hatte, spezialisierte Herr Becher sich auf die betriebsinterne Weiter- und Fortbildung und übernahm am ______ [Datum] die Koordination und Planung in diesem Bereich. Er machte sich schnell und gründlich kundig in der Vorbereitung und Durchführung von Trainingsmaßnahmen, in der Erarbeitung von Lehrmaterial und der Formulierung von Lernzielen. Außerdem entwickelte er eine besonders effektive neue Methode, um die Umsetzung von Trainingsinhalten zu unterstützen und zu kontrollieren, die inzwischen unternehmensweit angewandt wird.

Herr Becher zeichnet sich besonders durch seine Stärken im kreativen und konzeptionellen Denken und Planen aus und kann die entwickelten Konzepte zudem hervorragend in die Praxis umsetzen. Er verfügt außerdem über ausgezeichnete pädagogische Fähigkeiten und eine freundliche, hilfsbereite Art.

Seinen Vorgesetzten gegenüber ist Herr Becher absolut loyal. Seine Kolleginnen und Kollegen schätzen ihn wegen seiner Kollegialität und seiner Hilfsbereitschaft, aber auch wegen seiner Konsequenz.

Herr Becher wird uns zum __________ [Datum] verlassen, um in einem anderen Unternehmen eine berufliche Chance wahrzunehmen. Wir bedauern sehr, dass wir diesen außergewöhnlichen Mitarbeiter verlieren, und danken ihm für seine hervorragende Arbeit bei uns. Sowohl beruflich als auch privat wünschen wir ihm alles Gute.

Krintel AG

ppa.	*i. V.*
Heiselmann	*Rodenberg-Wichtelmeier*

Das Zwischenzeugnis ist meist ebenfalls ein qualifiziertes Zeugnis. Man braucht es zum Beispiel:

- wenn man sich um eine neue Stelle bewerben möchte
- wenn innerbetriebliche Veränderungen anstehen und man Leistungen und Verhalten des Mitarbeiters, der Mitarbeiterin festhalten will
- wenn ein Mitarbeiter, eine Mitarbeiterin eine andere Tätigkeit oder Position übernehmen soll
- wenn ein Zeugnis für die Zulassung zu einer Weiterbildungsmaßnahme nötig ist

Dementsprechend enthält ein Zwischenzeugnis auch meist einen Hinweis auf den Grund der Ausstellung, zum Beispiel:

- Frau Hammelrock hat um dieses Zwischenzeugnis gebeten, weil sie sich bei anderen Unternehmen bewerben möchte.
- Wir stellen Frau Schneider dieses Zwischenzeugnis wegen innerbetrieblicher Umstrukturierungen aus.

→ auch: Arbeitsbescheinigung

Zusage

Im Gegensatz zur Absage ist eine Zusage eine positive Nachricht. Daher sind hier auch kein besonderes Fingerspitzengefühl oder plausible Begründungen nötig. Eine

Zusage per Telefon oder E-Mail ist also in vielen Fällen durchaus ausreichend.

Wer den Einladenden die Arbeit aber erleichtern möchte (besonders bei großen Festen) oder auf eine schriftliche Einladung auch entsprechend antworten will, kann natürlich ebenso gut schriftlich zusagen. Dafür ist aber keine bestimmte Form nötig, und auch (lesbare!) handschriftliche Briefe oder Karten kommen in Frage.

Zusage auf eine Einladung zum Firmenjubiläum

Liebe Frau Dr. Klappelmüller,

jetzt ist es also schon 20 Jahre her, dass Sie die Leitung der Schluppel-Werke übernommen haben!

Herzlichen Dank für Ihre Einladung. Ich komme gern und freue mich darauf, Sie wiederzusehen.

Freundliche Grüße

Zwischenbescheid

Ein Zwischenbescheid ist immer dann sinnvoll und wichtig

- wenn die Bearbeitung einer Angelegenheit viel Zeit beansprucht (zum Beispiel bei Bewerbungen)
- wenn eine Situation besonders heikel ist (zum Beispiel bei Reklamationen)

- wenn sich bei einem Vorgang auf dem Wege zur Erledigung Änderungen ergeben (zum Beispiel durch einen Wechsel des Ansprechpartners)

BRENNSITUATION

Bei Bewerbungen geht es vor allem darum, die oft auf glühenden Kohlen sitzenden Bewerberinnen und Bewerber nicht länger als nötig im Unklaren über den Stand und den Zeitrahmen der Bearbeitung zu lassen. Bei Reklamationen ist es besonders wichtig, keinen Ärger bei den Kunden entstehen zu lassen oder schon vorhandenen nicht weiter zu schüren.
Indem Sie in solchen sensiblen Situationen Zwischenbescheide verschicken, zeigen Sie Interesse an den Bedürfnissen des Gegenübers und Verständnis für seine Lage und verbuchen dadurch außerdem Pluspunkte in puncto Kundenorientierung.

Zwischenbescheid bei Reklamation

Unsere Lieferung vom ...
Ihre Reklamation vom ...

Sehr geehrter Herr Büschke,

entschuldigen Sie, das wir Ihnen statt der 15 Stofftiger 15 Stoffnilpferde geschickt haben. Das war mein Fehler, und ich hoffe, Sie hatten deshalb keine allzu großen Unannehmlichkeiten.

Ich habe am selben Tag, als Ihre Reklamation bei mir eintraf, veranlasst, dass eine Lieferung mit 15 Stofftigern sofort an Sie heraus geht. Heute bekam ich jedoch Nachricht, dass wir die nächste Lieferung mit Stofftigern aufgrund eines Produktionsausfalls beim Hersteller erst Ende dieser Woche erhalten werden.

Entschuldigen Sie bitte, dass Sie nun noch einige Tage auf die richtige Lieferung warten müssen – sobald die Stofftiger hier eintreffen, geht die Lieferung an Sie heraus, dafür werde ich persönlich sorgen.

Mit freundlichen Grüßen

→ auch: Bewerbung, Reklamation

Register